AF613351

INVENTAIRE
V31934

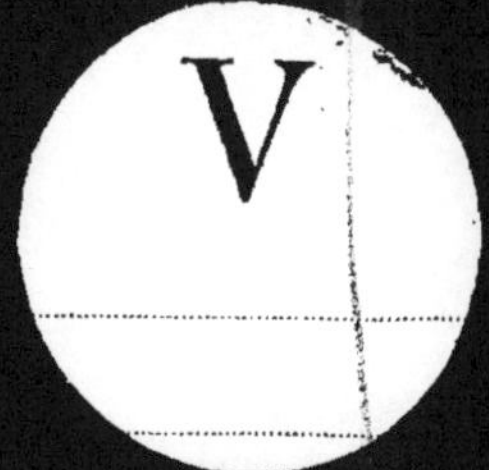
V

Publication complétant
...age intitulé
...des d'économie pratique
...hoix de 1849, par M. Bérès,
... sous le n° 9529.

16 décembre 1849

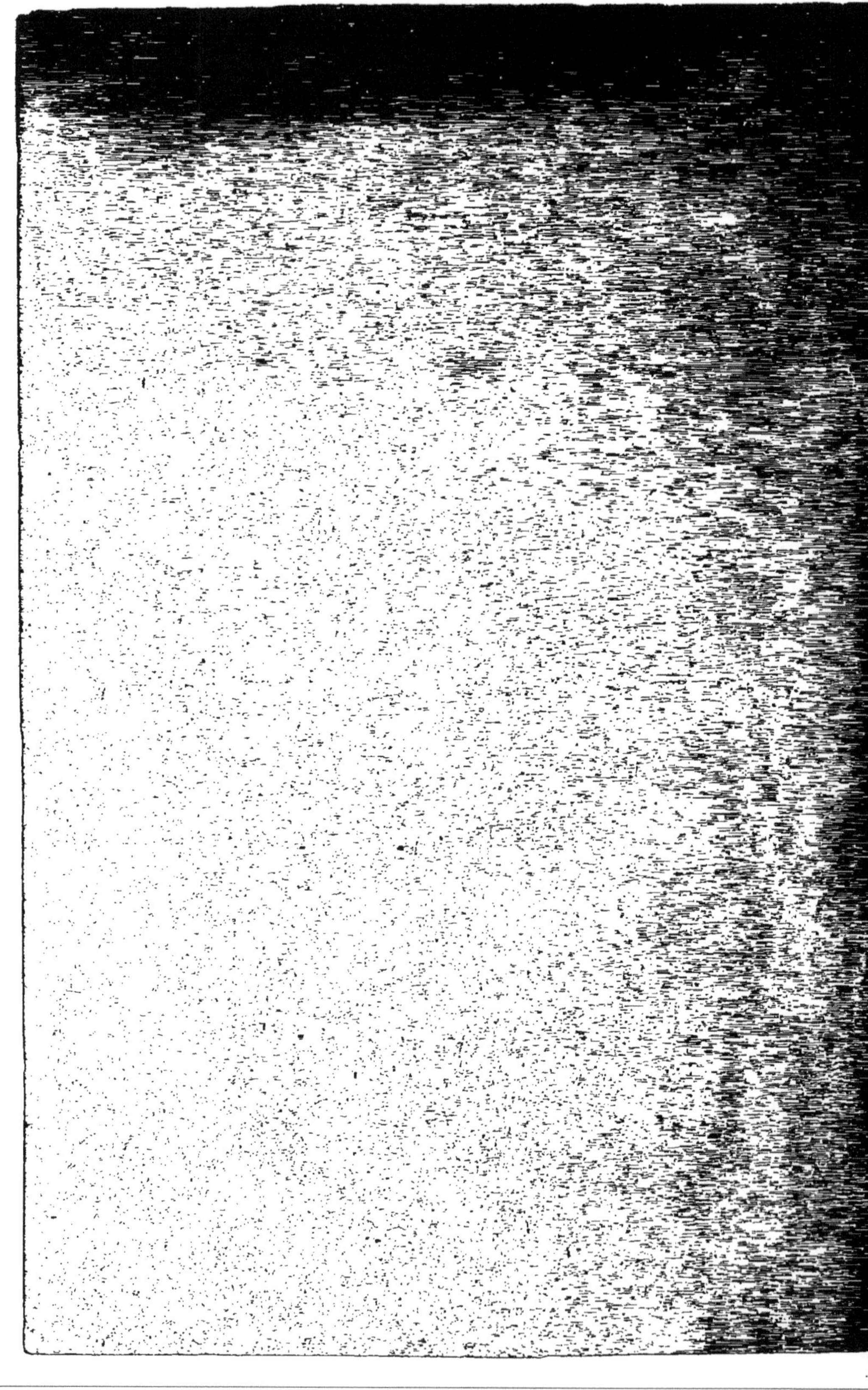

LISTE

DE

MM. LES MEMBRES DU JURY CENTRAL.

BUREAU.

MM. Dupin (Charles), président.
Tourret, Dumas (de l'Institut), vice-présidents.
Payen, H. de Kergorlay, secrétaires.

COMMISSIONS.

N° 1. — AGRICULTURE ET HORTICULTURE.

MM. Tourret, président; — Héricart de Thury, vice-président; — Barbet, — Fouquier d'Hérouel, — Blanqui, — Geoffroy de Villeneuve, — Goldenberg, — de Kergorlay, — L. Leclerc, — Moll, — Roux Carbonel, — Vilmorin, — Yvart, — Pépin, — Persoz, — de Dampierre, — Arlès Dufour, — Justin Dumas, — Tavernier, — Billiet.

N° 2. — MÉTAUX.

MM. Héricart de Thury, président; — Michel Chevalier, — Combes, — Durand (Amédée), — Ébelmen, — Goldenberg, — Lechatellier, — Mary, — Péligot, — Leplay, — Peupin, — Natalis Rondot.

N° 3. — MACHINES.

MM. Combes, président; — Michel Chevalier, — Ch. Dupin, — Amédée Durand, — A. Jullien, — Lechatellier, — Mary, — Moll, — Morin, — Pouillet, — Séguier, — E. Dolfus, — M. Gaussin, — Arnoux, — Pecqueur.

N° 4. — INSTRUMENTS DE PRÉCISION.

MM. Séguier, président; — Pouillet, — Mathieu, — Froment, — Peupin, — Érard, — Marloye.

N° 5. — ARTS CHIMIQUES.

MM. Dumas (de l'Institut), président ; — Ebelmen, — Payen, — Péligot, — Persoz, — Louis-Lucien Bonaparte.

N° 6. — TISSUS.

MM. A. Mimerel, président ; — Arlès Dufour, — Félix Aubry, — Barbet, — Billiet, — Blanqui, — E. Dolfus, — Dumas (Justin), — Dupérier, — M. Gaussin, — Germain Thibault, — Victor Grandin, — Lainel, — Legentil, — Manière, — Persoz, — Randoing, — Natalis Rondot, — Roux Carbonnel, — Sallandrouze de la Mornaix, — Sieber, — Tavernier, — Wolowski, — Yvart, — E. Desportes.

N° 7. — ARTS CÉRAMIQUES.

MM. Dumas (de l'Institut), président ; — Bougon, — Ebelmen, — de Laborde, — Péligot, — Fontaine.

N° 8. — BEAUX-ARTS.

MM. Fontaine, président ; — Blanqui, — Bougon, — Firmin Didot, — A. Durand, — L. Feuchères, — Héricart de Thury, — L. De Laborde, — Peupin, — Pouillet, — Persoz, — Natalis Rondot, — Wolowski.

N° 9. — ARTS DIVERS.

MM. L. De Laborde, président ; — Blanqui, — Firmin Didot, — Dumas (de l'Institut), — Héricart de Thury, — Péligot, — Persoz, — Natalis Rondot, — Wolowski.

N° 10. — ALGÉRIE.

MM. Héricart de Thury, président ; — Balard, — Ebelmen, — Firmin Didot, — Justin Dumas, — Lainel, — L. Leclerc, — Leplay, — Moll, — Payen, — Péligot, — Pépin, — Persoz, — Rondot, — Yvart.

MEMBRES DU JURY QUI NE SONT PAS COMPRIS DANS LES COMMISSIONS.

MM. Arago (de l'Institut), — de Croix, — Dufaud (Achille), — Keittenger, — Turgis, — Sainte-Marie.

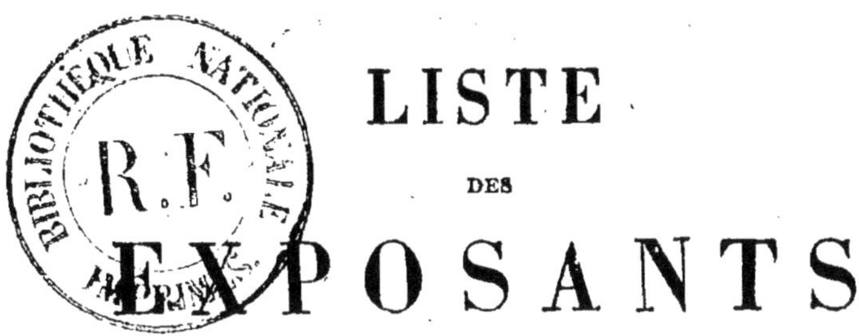

LISTE DES EXPOSANTS

AUXQUELS ONT ÉTÉ DÉCERNÉES

DES RÉCOMPENSES.

DÉCORATIONS.

MM.

Auclerc, agriculteur, éleveur à Celle-Bruère (Cher).
Baur, gérant associé de la fabrique de grosse quincaillerie à Molsheim (Bas-Rhin).
Berthoud (Ch.-Aug.), fabricant d'horlogerie de marine à Argenteuil (Seine-et-Oise).
Bouchon, exploitant de carrières de pierres meulières à la Ferté-sous-Jouarre.
Bouillon, fabricant de fil de fer à Limoges.
Burat, ingénieur civil à Paris.
Canson (Étienne), fabricant de papiers à Annonay.
Cavaillé Coll fils, fabricant d'orgues à Paris.
Chevandier (Eugène), directeur de la compagnie des manufactures de glaces et de verres de Cirey (Meurthe).
Crespel (Tiburce), agriculteur à Larbret (Pas-de-Calais).
De Crombecque, agriculteur à Lens (Pas-de-Calais).
Curnier, fabricant de châles à Nîmes.
Delaire (Henri), fabricant de tissus de coton à Roubaix.
Demesmay, agriculteur à Templeuve (Nord).
Desrosiers, imprimeur à Moulins (Allier).
Duport, fabricant de cuirs à Paris.
Durenne père, fabricant de chaudières à Paris.
Farcot, constructeur de machines à vapeur à Saint-Ouen (Seine).
Fizeau, héliographe à Paris.
Flavigny (Charles), fabricant de draps à Elbeuf.
Frolich, directeur des forges de Montataire (Oise).
Gaussen, fabricant de châles à Paris.
Gouin (Ernest), constructeur à Batignolles (Seine).
Grard (Numa), raffineur de sucre à Valenciennes.
Hardy, chef des pépinières d'Alger.
Hartmann, fabricant de fils et tissus de coton à Munster (Haut-Rhin)
Houel, directeur des ateliers de la maison Derosne et Cail à Paris.
Houette, fabricant de cuirs tannés et vernis à Paris.
Kind, sondeur artésien à Forbach (Moselle).
Kolb-Bernard, raffineur de sucre à Lille.
Lacroix, directeur de la fabrique de produits chimiques de Chauny (Aisne).
Lecouteulx, directeur de la fonderie de Romilly (Eure).
Leféburc, fabricant de dentelles et blondes à Bayeux (Calvados).
Lehoult père, filateur et fabricant de tissus de coton à Saint-Quentin (Aisne).
Leveillé, fabricant de cotons filés et teinturier à Rouen.
Mallet, filateur de coton à Lille.
Marcus, directeur de la compagnie des cristalleries de Saint-Louis (Moselle)
Martine, agriculteur à Aubigny (Aisne).
Menet (Jean), filateur et moulinier de soie à Annonay.

Nillus, constructeur de machines à vapeur au Havre.
Pallu, directeur des mines de Pontgibaud (Puy-de Dôme).
Potton (Ferdinand), fabricant de soieries à Lyon.
Raoux, fabricant d'instruments de musique en cuivre à Paris.
Renaud (Adolphe), fabricant de drap à Sedan.
Roussi, ouvrier mécanicien à Lyon.
Sax, fabricant d'instruments de musique à vent à Paris.
Soleil, fabricant d'appareils d'optique à Paris.
Sorel, fabricant de fer galvanisé à Paris.
Toussaint, directeur de la compagnie des cristalleries à Baccarat.
Tranchart-Froment, filateur de laine à Rethel.
Zuber fils, fabricant de papiers à Rixheim (Haut-Rhin).

NOUVELLES MÉDAILLES D'OR.

MM.
Bon, appr. d'étof. de soie. Lyon. Rhône.
Cavaille Coll. p. et f. orgues. Paris. Seine.
Charrière, instr. de chirurg. Paris. Seine.
Christofle et c., maillechort. Paris. Seine.
Duvoir-Leblanc, calorif. Paris. Seine.
Farcot, mach. à vap. S.-Ouen. Seine.
Froment Meurice, orfèvr. Paris. Seine.
Garnier (Paul), horlogerie. Paris. Seine.
Geruzet, expl. de marbre. Bagnères. B.-P.
Graux, laines fines. Juvincourt. Aisne.
Grenet, gélat. colle forte. Rouen. S.-Inf.
Guimet, mat. tinctoriales. Lyon. Rhône.
Jackson fr., aciers. Assailly et la Bérardière. Loire.
Kuhlmann fr., prod. chim. Lille. Nord.
Laugevin et c., b de soie. Itteville. S.-et-O.
Lemaître, mach., outils. La Chapelle. S.
Lemercier, lithographie. Paris. Seine.
Lerebours et Secretan, instr. d'optique. Paris. Seine.
Schneider, n. à vap. au Creuzot. S.-et-L.
Yemeniz, tissus de soie. Lyon. Rhône.
Zuber, pap. peints. Rixheim. Haut-Rhin.

RAPPELS DE MÉDAILLES D'OR.

MM.
Andre (J.-P.-V.) fonte moulée. Val d'Osne. Haute-Marne.
Ant.-Rousselet et f., drap. f. Sedan. Ard.
Arnould, châles. Paris. Seine.
Bacot (Fréd.) et fils, drap. f. Sedan. Ard.
Bacot (Paul) et fils, id. Sedan. Ardennes.
Balay, rubans de soie. S.-Étienne. Loire.
Baudry, aciers. Mons-Athis. Seine-et-O.
Beaudoin fr., toiles cirées. Paris. Seine.
Bertèche-Chesnon, drap. f. Sedan. Ard.
Bertherand-Sutaine. laines fil. Reims. M.
Berthoud (Ch.-A.), horlogerie de préc. Argenteuil. Seine-et-Oise.
Biesta-Laboulaye et C., fonderie en caractères. Paris. Seine.
Biétry et fils, laines fil. Villepreux. S.-et-O.
Blanchet et Kléber, papiers. Rives. Isère.
Boisselot et f., pianos. Marseille. B.-du-R.
Bonnet et C., tissus de soie. Lyon. Rhône.
Brunner, instr. de phys. Paris. Seine.
Buron, id. id.
Buyer (de), fontes. Aillevilliers. H.-S.
Calla, machines. outils. Paris. Seine.
Canson frères, papiers. Vidalon-lès-Annonay. Ardèche.
Carpentier (La Comp.) et Sorel, fer galv. Paris. Seine.
Chartron père et fils, soies grèges. Saint-Vallier. Drôme.
Chauvreulx-Chefdrud et fils, draperie. Elbeuf. Seine-Inférieure.
Chennevièrre (Th.), drap. Elbeuf. S.-I.
Chennevière-Delphis, draperie fine, Louviers. Eure.
Chevalier (Ch.), instruments de physique. Paris. Seine.
Compagnie de la manufacture de glaces, à St-Gobain. Aisne.
Compagnie de la manufacture de glaces, à Cirey. Meurthe.
Compagnie de la manufacture des cristalleries. Baccarat. Meurthe.
Compagnie de la manufacture des cristalleries. St-Louis. Moselle.
Compagnie des forges, à Montataire. Oise.
Couder, dessins de fabr. Paris. Seine.
Coulaux aîné et C., quincaillerie. Molsheim. Bas-Rhin.
Cox (Edm.) et C., fil de coton. Lille. Nord.
Croutelle nev., laines fil. Reims Marne.
Cunin-Gridaine et fils, draperie fine. Sedan. Ardennes.
Curnier et C., châles. Nîmes. Gard.
Daunet fr., drap. fine. Louviers. Eure.
Dauphinot-Pérard, tiss. de laine. Reims. Marne.
Debuchy (Fr.), tissus. Lille. Nord.
Decoster et C., mach., out. Paris. Seine.
Delastre et fils, tissus. Roubaix. Nord.
Delbut et C., cuirs et peaux. S.-Germain-en-Laye. Seine-et-Oise.
Delicourt, pap. peints. Paris. Seine.

Delvigne, arquebuserie. Paris. Seine.
Derosne et Cail, locomot. Paris. Seine.
Dietrich, fontes, roues en fer. Niederbronn. Bas-Rhin.
Duché aîné, châles. Paris. Seine.
Dumor-Masson, drap fine. Elbeuf S.-I.
Durand fr., cuirs et peaux. Paris. Seine.
Durandeau aîné, Lacombe et C., papiers. La Couronne. Charente.
Durenne père et fils, fabrique de chaudières à vapeur. Paris. Seine.
Eck et Durand, bronzes d'art. Paris. Sein.
Falatieu et Chavanne, tôles et fils de fer. Bains. Vosges.
Fauler et Bayvet, maroq. Paris. Seine.
Fauquet-Lemaître, filat. de cot. Bolbec. Seine-Inférieure.
Fauquet-Lemaître, fils de lin et de ch. Pont-Audemer. Eure.
Feil petit-fils et Guinand (Louis), cristallerie. Paris. Seine.
Festugières et C., roues de locom. Tayac. Dordogne.
Flaissier frères, tapis. Nîmes. Gard.
Flavigny (C.-R.), drap. fine. Elbeuf. S.-I.
Fortier, châles. Paris. Seine.
Frère-Jean, tôles et fer. Vienne. Isère.
Gaussin jeune, Fargeton et C., châles. Paris. Seine.
Godefroy (L.), impr. s. étoffes. Puteaux près Paris. Seine.
Godin aîné, laines en suint. Châtillon. Côte-d'Or.
Grillet aîné, châles. Lyon. Rhône.
Grohé fr. et Shaller neveu, ébenisterie. Paris. Seine.
Gros, Odier, Roman et C., tissus de cot. Wesserling. Haut-Rhin.
Hache-Bourgeois, cardes. Louviers. E.
Hartmann et fils, tiss. de soie. Paris. S.
Hébert (Fréd.), châles. Paris. Seine.
Heckel aîné, tissus de soie. Lyon. Rhône.
Hennecart, gaze p. bluterie. Paris. S.
Herzog, fil. de cot. Logelbach. H.-Rhin.
Hofer (H.), id. Kaisersberg. id.
Houlès père, fils et Cormouls, draperie. Mazamet. Tarn.
Houillère et fonder. Decazeville. Aveyr.
Hutter et C., Glaces, crist. Rive-de-Gier.
Japy frères, quincailleries. Beaucourt. Haut-Rhin.
Jackson fr. et Massenet-Gérin, faulx. Saint-Étienne. Loire.
Johannot (F.), pap. Annonay. Ardèche.
Jourdain et f., drap. fine. Louviers. Eure.
Kœchlin fr., tis. de cot. Mulhouse. Haut-Rhin.
Klinglin (de), glaces, crist. Valerysthal. Meurthe.
Kriegelstein et C., pianos. Paris. Seine.
Lacroix fr., papiers. Angoulême. Char.
Laurent (H.) et f., tapis. Amiens. Somme.
Lauret fr., bonneterie. Paris. Seine.
Lebœuf-Millet et C., faïence fine. Creil. Oise.
Lebrun, orfèvrerie. Paris. Seine.
Lefebure, dent., blondes. Paris. Seine.
Lefebvre et C., prod. chim. Les Moulins. Nord.
Lefebvre-Ducatteau fr., tissus. Roubaix. Nord.
Legrand, fond. en caract. Paris. Seine.
Lehoult et C., tissus. S.-Quentin. Aisne.
Lemire, produits chim. Choisy. Seine.
Lemire, père et fils, tissus de soie. Lyon. Rhône.
Lucas fr., tissus de laine. Reims. Marne.
Lepaute (Henri), phares. Paris. Seine.
Léveillé, coton filé. Rouen. Seine-Infér.
Lucas fr., laines filées. Reims. Marne.
Mallet, de la maison Vantroyen et Mallet, filat. de cot. Lille. Nord.
Massing fr., peluches de soie. Puttelange. Moselle.
Milly (de), bougies. Paris. Seine.
Miroude, cardes. Rouen. Seine-Infér.
Morin (Th.-G.), Étoffes p. robes. Paris. Seine.
Morin et C., draper. Dieu-le-Fit. Drôme.
Mouchel (P.-J.-F.), laminage du cuivre. Ray-sur-Laigle. Orne.
Mulot père et fils, out. de sondage. Paris. Seine.
Naegey et C., filat. de coton. Mulhouse. Haut-Rhin.
Nys et C., cuirs vernis. Paris. Seine.
Odiot, orfèvrerie. Paris. Seine.
Ogereau (Fréd.), cuirs et peaux. Paris. Seine.
Pallu et C., mine d'argent. Pontgibaud. Puy-de-Dôme.
Pelletereau jeune, frères, cuirs et peaux. Château-Renaud. Indre-et-Loire.
Plummer et C., cuirs et vernis. Pont-Audemer. Eure.
Poitevin et fils, draperie fine. Louviers. Eure.
Potton Rambaud et C., tissus de soie. Lyon. Rhône.
Raoux, instr. à vent. Paris. Seine.
Rattier et Guibal, tissus imperméables. Paris. Seine.
Renard (A.), drap. fine. Sedan. Ardenn.
Robert (H.), horl. de préc. Paris. Seine.
Roswag, toiles métalliques. Paris. Seine.
Roussi, ouvrier. Lyon. Rhône.
Rouvenat (C.), bijouterie. Paris. Seine.
Rudolphi, orfévr. Paris. Seine.
Schlumberger et C., filature de coton. Guebwiller. Haut-Rhin.
Schmaltz, pel. de soie. Metz. Moselle.
Schwartz-Huguenin et C., tissus de soie. Mulhouse. Haut-Rhin.
Scrive fr., cardes. Lille. Nord.
Serret-Lelièvre, fers et tôles. Denain. Nord.
Société des ardoisières. Angers. Maine-et-Loire.
Société de l'ardoisière. Monthibert-Brezé. Maine-et-Loire.

Société des fonderies de Romilly. Paris. Seine.
Société des mines. Bouxwiller. Haut-Rhin.
Id. des papeteries du Marais et de Sainte-Marie. Seine-et-Marne.
Stehelin fr., mach., outils. Bischwiller. Haut Rhin.
Sterlingue, cuirs et peaux. Aubervillers-les-Vertus. Seine.
Talabot et C., aciers. St.-Juery. Tarn.
Talmours, porcelaines. Paris. Seine.
Teillard, tissus de soie. Lyon. Rhône.
Teissier fr., soies grèges. Valleraugue. Gard.
Ternynck fr., tissus. Roubaix. Nord.
Thiébault et fils, fonte de cuivre. Paris. Seine.
Thomas et Laurens, ingén. métall. Paris. Seine.
Thonnelier, presses monét. Paris. Seine.
Tranchart-Froment, laines filées. Réthel. Ardennes.
Vignat fr., rub. de soie. St.-Étienne. Loire.
Wolfel, pianos. Paris. Seine.

MÉDAILLES D'OR.

MM.
Andelle et C., cristaux. Épinac. Saône-et-Loire.
Associat. du blanc de zinc. Paris. Seine.
Aubry fr., dentelles. Mirecourt. Vosges.
Auclerc, éleveur à Lacelle-Bruère. Cher.
Auzoux, anat. plastique. Paris. Seine.
Balleydier (Félix), tissus de soie. Lyon. Rhône.
Bapterosse (Fél.), porcel. Paris. Seine.
Baudoin, agricult. Aux Vieux. S.-Infér.
Bazin père, agriculteur. Le Mesnil-Saint-Firmin. Oise.
De Béhague, éleveur. Dampierre. Loiret.
Benoît-Malot et C., tissus de laine. Reims. Marne.
Béranger, appar. à peser. Lyon. Rhône.
Bernardel, instr. à cordes. Paris. Seine.
Blech fr., tissus de coton. Ste.-Marie-aux-Mines. Haut-Rhin.
Blech-Steinbach et Mantz, tissus de cot. Mulhouse. Haut-Rhin.
Bodin, directeur de la ferme-école des Trois-Croix. Ille-et-Vilaine.
Bon, étoffes de soie. Lyon. Rhône.
Boucherie (Aug.), cons. des bois. Paris. Seine.
Bouillon jeune et fils, fil de fer. Limoges. Haute-Vienne.
Bourdaloue, plan automateur. Bourges. Cher.
Bourdon (Eug.), mach. à vap. Paris. S.
Brice, agricult. Étain. Meuse.
Bronski, soies. St.-Selves. Gironde.
Broquette-Gonin, ouvr. contre-maître. Paris. Seine.
Buwer, out., mach. Paris. Seine.
Calenge, éleveur. Écoville. Calvados.
Cambray, instr. arat. Paris. Seine.
Carillon, dress. de glaces. Paris. Seine.
Cazeaux-Fabrège et C., Laruns. B.-Pyr.
Chambon, soies. Alais. Gard.
Chameroy et C., conduits d'eau. Paris. Seine.
Chaussenot jeune (Bernard), calorifères. Paris. Seine.
Cohin et C., fils de lin. Paris. Seine.
Compag. génér. des engrais, Duguen et comp. Paris. Seine.
Compag. des anciennes salines de l'Est.
Compag. Lichtenstein, Westphal et C., cult. du riz. Montpellier. Hérault.
Constant et fils, châles. Nîmes. Gard.
Couderc et Soucaret, gaze p. bluterie. Montauban. Tarn-et-Garonne.
Cournerie, prod. chim. Cherbourg. M.
Crespel p. et f., agricult. Arras. P.-de-C.
Dargent, agricult. St.-Léonard. S.-Infér.
Davillier (J.-Ch.) et C., tissus de coton. Gisors. Eure.
Decrombecq père et fils, agricult. Lens. Pas-de-Calais.
Degousée et Laurent, outils de sondage. Paris. Seine.
Delamarre-Debootteville, filat. de coton. Rouen. S.-Inférieure.
Deleuil, instr. de phys. Paris. Seine.
Demesmay, agricult. Templeuve. Nord.
Deneirouse-Boisglavy et C., châles. Paris. Seine.
Denière fils, bronze d'art. Paris. Seine.
Descat-Crouzet, teint. et imp. Roubaix. Nord.
D'Herlincourt, éleveur à Éterpigny. Pas-de-Calais.
Dobler et fils, laines peign. Tenay. Ain.
Domeny, harpes. Paris. Seine.
Ducroquet, orgues Paris. Seine.
Duponchel, orfévr. Paris. Seine.
Dupont (Paul), typogr. Paris. Seine.
Duport (V.-Fr.), cuirs et peaux. Paris. Seine.
Dutacq fr., agricult. Épinal. Vosges.
Dutartre, presses à impr. Paris. Seine.
Engelmann, chromo-lithograph. Paris. Seine.
Estivant, pl. en cuivre. Givet. Ardennes.
Favrel, batteur d'or. Paris. Seine.
Flachat (Eug.), chemins de fer atmosph. Paris. Seine.
Fontaine-Baron, turbine. Chartres. Eure-et-Loir.
Foucault, mach. p. les aveugles. Paris. Seine.

Fouché-Lepelletier, prod. chim., Javel. Seine.
Fromont, turbine. Chartres. Eure-et-L.
Fruitié, agricult. Cheragas. Algérie.
Gauthier, cuirs et vernis. Paris, Seine.
Gauvain, arquebus. Paris. Seine.
Geiger (Alex. de), gendre et success. de Utzschneider et C., porcelaine. Sarreguemines. Moselle.
Gouin et C., locomot. aux Batig. Seine.
Grar (Numa) et C., raffi. de sucre. Valenciennes. Nord.
Guevin, Bouchon et C., meules de moulin. La Ferté-sous-Jouarre. S.-et-M.
Guinon, teinture et imp. La Guillotière. Rhône.
Hamelin, soie ouvr. Les Andelys. Eure.
Héricart de Thury (Ch.), agriculteur. Arbal. Algérie.
Herrenschmidt, cuirs et peaux. Strasbourg. Bas-Rhin.
Houette aîné, cuirs vernis. Paris. Seine.
Houyau, instr. arat. Angers. Maine-et-Loire.
Huber, carton-pierre. Paris. Seine.
Huguenin, Ducommun et Dubied, mach., outils. Mulhouse. Haut-Rhin.
Institut agronom. Grignon. Seine-et-O.
Joly et Croizat, tissus de soie. Lyon. Rhône.
Jourdain-Xavier, fil. de coton. Altkirch. Haut-Rhin.
Jourdan et C., teint. et impr. Cambrai. Nord.
Jouvin et Doyon, gants de peau. Paris. Seine.
Kaeppelin, lithographie. Paris. Seine.
Kestner, prod. chim. Thann. H.-Rhin.
Kuntzer, draps moy. Bischwiller. Haut-Rhin.
Lacarrière, bronze p. éclairage. Paris. Seine.
Lagache, tissus. Roubaix. Nord.
Larcher-Faure et C., rubans de soie. St-Étienne. Loire.
Laroche (Éd.), dessins de fabr. Paris. S.
Laroche fr., papet. St.-Michel. Char.,
Latache, éleveur. Faye. Oise.
Laurent, instr. arat. Paris. Seine.
Laurent-Weber (Vve) et C., tissus de coton. Mulhouse. Haut-Rhin.
Lebert, instr. aratoires. Pont-sous-Gallardon. Eure-et-Loir.
Lefébure et Dumery, chauss. en cuir. Paris. Seine.
Lefranc, couleurs. Paris. Seine..
Lemarié, agricult. Touffreville. Finist.
Leroy de Béthune, agric. Douai. Nord.
Leroy (And.), arboriculteur. Angers. Maine-et-Loire.
Liénard, dessinat. non exposant. Paris. Seine.
Lombard-Latune et C., papeterie. Crest. Drôme.
Luër, instr. de chirurgie. Paris. Seine.
Maës, cristaux. Clichy. Seine.
Mahieu-Delangre, fils de lin et de chanv. Armentières. Nord.
Maire (Ch.), prod. chim. Strasbourg. Bas Rhin.
Mame (Ad.), typographie. Tours. Indre-et-Loire.
Martin frères, peluche de soie. Tarare. Rhône.
Martine (Ch.-Fr.), agricult. Aubiguy. Aisne.
Masse, Tribouillet et C., bougies. Neuilly. Seine.
Maurel et Fayet, mesures div. Paris Seine.
Menet (Jean), soies. Beaulieu. Ardèche
Menier et C., chocolat. Paris. Seine.
Mercier et C. (assoc. entre patron et ouvriers), mach. p. filat. Louviers. Eure.
Merlier-Lefebvre, corderie. Ingouville. Seine-Infér.
Meurer et Jandin, imp. s. étoffes. Lyon. Rhône.
Meynard, ébénist. et plaq. Paris. Seine.
Migeon et Vieillard, quincail. Morvillards. H.-Rhin.
Montagnac (de), drap., fine. Sedan. Ard.
Morel frères, fontes et tôles. Charleville. Ardennes.
Nillus, bateaux à vap. Le Hâvre. S.-Infér.
Oswald et Warnod, fils et feuilles de cuivre. Niederbruck. H.-Rhin.
Pagès-Baligot, tissus divers. Paris. Seine.
Paillard, bronzes d'ameubl. Paris. Seine.
Paiz de Beauvoys (doct.), ruches. Seiches. Maine-et-Loire.
Plon fr., typographie. Paris. Seine.
Ponson-Claude, tissus de soie. Lyon. Rhône.
Quéret, agricult. Morlaix. Finistère.
Renard, outils. Paris. Seine.
Requillard, Roussel et Chocqueel. tapis. Tourcoing. Nord.
Richer, laines fines. Gouvix. Calvados.
Robert, soie. Manosque. B.-Alpes.
Rocher, appar. distill. Nantes. Loire-Inf.
Ruolz (de), decouvertes chimiques. Paris. Seine.
Sabran-Veran et Gaston-Jessé, barèges, etc. Paris. Seine.
Savary et Mosbach, bijouterie. Paris. Seine.
Sax, instr. en cuivre. Paris. Seine.
Schlumberger et Hofer, fil de coton. Ribeauvillers. Haut Rhin.
Scrives fr. et Danset, toiles de lin. Marquette. Nord.
Séguin, marbres travaillés. Paris. Seine.
Seib, toiles cirées. Strasbourg. B.-Rhin.
Seillière (Ernest) et A.-B., tissus de cot. Senones. Vosges.
Serret-Hamoir-Duquesne et C., raffinerie de sucre. Valenciennes. Nord.
Sevestre aîné et Legris, draperie fine Elbeuf. Seine-Inf.

Silbermann, typo-chromie. Strasbourg. Bas-Rhin.
Simon, chromo-lithograp. Strasbourg. Bas-Rhin.
Société de la Vieille-Montagne, zinc. Paris. Seine.
Société des forges. Audincourt. Doubs.
Société des papeteries du Souche. Vosg.
Société linière. Landernau. Finist.
Soleil, instr. d'optique. Paris. Seine.
Souffleto, pianos. Paris. Seine.
Sourd fr., laines peign. Tenay. Ain.
Travers et fils, combles en fer. Paris. Seine.
Trelon-Weldon et Weil, boutonnerie. Paris. Seine.
Tricot, tissus de coton. Rouen. Seine-Inférieure.
Vatteau et Hitschins, conservation des bois. Paris. Seine.
Vital-Roux, non exposant. Sèvres. Seine-et-Oise.
Wagner, neveu, grosse horlog. Paris. Seine.

NOUVELLES MÉDAILLES D'ARGENT.

MM.
Balaine, plaqué. Paris. Seine.
Barbier, draperie fine. Elbeuf. Seine-Inf.
Bately, aiguilles et ress. de mont. Paris. S.
Béringer, arquebuserie. Paris. Seine.
Bernard (Léopold) canonnerie. Passy. S.
Boas frères et C., châles. Paris. Seine.
Boucher et C., tréfilerie. Laigle. Orne.
Bricard et Gauthier, serrurerie. Paris. S.
Brison (Pr.) fils aîné, cuirs et peaux. Rennes. Ille-et-Vilaine.
Brisson, peluche de soie. Lyon. Rhône.
Bruneau père et fils, mach. à filer la laine. Rethel. Ardennes.
Budin (R.-A.), cuirs et peaux. Paris. Seine.
Buffet-Perin, oncle et neveu, tissus de laine. Reims. Marne.
Charrière et C., fonte et fer. Allevard. Is.
Charvet (Henry), tissus. Lille. Nord.
Collin (Remi-Jean), marbres. Epinal. V.
Colville, décoration de porcelaines et cristaux. Paris. Seine.
Compagnie, machines, outils. Graffenstaden. Bas-Rhin.
Croco, étoffes pour robes. Paris. Seine.
Dafrique, bijouterie. Paris. Seine.
Daliphard et Dessaint, tissus de coton. Rouen. Seine-Inférieure.
Debary-Merian, rub. de soie. Guebwiller. Bas-Rhin.
Descroizilles, calorifères. Paris. Seine.
Delacretaz et Fourcade, produits chimiques. Vaugirard Seine et le Havre.
Desroziers, imprimerie. Moulins. Allier.
Duvoir et C., calorifères. Paris. Seine.
Estragnat fils aîné, articles de St-Quentin. Tarare. Rhône.
Fortel, Larbre et C., tis. de l. Reims. M.
Fossey, ébénisterie, Paris. Seine.
Gagneau frères, applic. d'éclairage. Paris.
Gaidon, pianos. Paris. Seine.
Gauthier, quincaillerie. Paris. Seine.
Gilbert (Léonard), crayons. Givet. Ard.
Grangier frères, rub. de soie. St-Chamond. Loire.
Gratiot (Améd.), papet. Essonne. S.-et-O.
Grün, m. à fil. le cot. Guebwiller. H.-R.
Houdaille, bijouterie. Paris. Seine.
Huck, appareils à l'extraction de la fécule. Paris. Seine.
Japy (Louis) fils, mouvements de pendules. Seloncourt. Doubs.
Lachappelle-Levarlet, laines peignées. Reims. Marne.
Lacroix père et fils, pres. typ. Rouen. S.-I.
Laignel, freins et divers. Paris. Seine.
Lainé-Laroche et Max Richard, fils de lin. Angers. Maine-et-Loire.
Laporte, coutellerie. Paris. Seine.
Lapeyre, Kob et C., pap. peints. Paris. S.
Laroque frères, fils, et Jacquart, tapis. Bordeaux. Gironde.
Laurent et Deberny, car. d'imp. Paris. S.
Lemaître-Demeestère, toiles de lin. Halluin. Nord.
Lemarchand et Lemoyne, ében. Paris. S.
Lepage-Moutier, arquebuserie. Paris. S.
Marsat fils (Franç.), fonte et fer. Ruffec. Charente.
Marsaux, cuivre estamp. Paris. Seine.
Mayer frères, orfèvrerie. Paris. Seine.
Mercier, pianos. Paris. Seine.
Mero, parfumerie. Grasse. Var.
Mignard-Billinge, tréfilerie. Belleville. S.
Mohler, tissus de coton. Obernay. B.-R.
Mongin, quincaillerie. Paris. Seine.
Mouisse, draps moyens. Limoux. Aude.
Mourey, bijouterie. Paris. Seine.
Muel et Wahl, fonte et fer. Tusey, près Vaucouleurs. Meuse.
Oger, savons et cosmét. Paris. Seine.
Ory fils, J.-Bernard et C., papeterie. Crousel. Somme.
Patriau, tissus de laine. Reims. Marne.
Pechiney aîné, nickel et maillechort. Paris. Seine.
Peugeot et C., pièces détachées. Valentigny. Doubs.
Poisat oncle et C., bougies. Nanterre. S.
Poupinal j^e et Guyon (Ernest), couvertures de laine. Paris. Seine.
Reulos (A.-J.), cuirs et peaux. Paris. S.
Rey-Mondon (J.), mesures div. Paris. S.
Rhum Korff, instrum. de phys. Paris. S.
Richard fr., passem. St-Chamond. Loire.
Richer, instruments de physiq. Paris. S.

Sagnier et C., balances. Montpellier. H.
Savoye, Ravier et Chanu, tissus de soie. Lyon. Rhône.
Simonin dit Blanchard et C., quincaillerie. Paris. Seine.
Tanizier, machines à vapeur. Paris. S.
Thierry-Mieg, tissus de coton. Mulhouse. Haut-Rhin.
Thierry frères, lithographie. Paris. Sein.
Touzé, draperie fine. Elbeuf. Seine-Inf.
Trezel, mach. à vap. St-Quentin. Aisne.
Valentin-Féau-Béchard, bonneterie. Orléans. Loiret.
Vaussard, tis de cot. Boudeville. Seine-Inférieure.
Veyrat, plaqué et orfévrerie. Paris. S.
Villemsens, bronzes d'art, etc. Paris. S.
Violard, dentelles. Paris. Seine.
Warrall-Middelton et Elwell, machines. Paris. Seine.

RAPPELS DE MÉDAILLES D'ARGENT.

MM.
Alluaud aîné (Fr.), poter. Limoges. H.-V.
Andriveau-Gouj, cartes géog. Paris. S.
Aucoc, orfévrerie. Paris. Seine.
Auloy-Millerand, linge damassé. Marcigny. Saône-et-Loire.
Bance (Jean), toil. de lin. Mortagne. Orne
Barbaroux de Migy, bijouterie. Marseille. Bouches-du-Rhône.
Berth. Massing et Plichon, peluches de soie. Sarreguemines. Moselle.
Bégué, linge damassé. Pau. B.-Pyrén.
Bellangé, ébénisterie. Paris. Seine.
Benoît, machine à fouler. Paris. Seine.
Bernard (Albert), canonnerie. Paris. S.
Blat, filature de coton. Douai. Nord.
Boche, ustensiles de chasse. Paris. Seine.
Bouttevillain, machines, outils. La Chapelle. Seine.
Brugnières, soies ouvrées. Nîmes. Gard.
Budy, fonte étamée. Puteaux. Seine.
Buffault et Truchon, couvertures de laine. Paris. Seine.
Bunten, instrum. de physique. Paris. S
Buignier, caractères d'imprim. Paris. S.
Bureau, tissus de coton. Nantes. L.-Inf.
Caillet-Franqueville, tissus de laine. Bazancourt. Marne.
Careau, appar. d'éclairage. Paris. Seine.
Carrière, soies grèges. St-André-de-Valleborgne. Gard.
Cartier fils et compagnie, produits chimiques. Nantes. Loire-Inférieure.
Cattier, lithographie. Paris. Seine.
Chabaud, imprim. sur étoffes. Nîmes. G.
Chabrié fils aîné, appareils d'éclairage. Paris. Seine.
Chambellan et C., châles. Paris. Seine.
Chanot, instruments à cordes. Paris. S.
Charmois, ébénisterie. Paris. Seine.
Chatain fils aîné, tis. de cot. Rouen. S.-I.
Chaussenot aîné, mac. à vap. Paris. S.
Chéguillaume. Draps moyens, à la Forge-en-Engand. Vendée.
Chérot fr., filat. de lin, etc. Nantes. L.-I.
Claro, tissus. Lille. Nord.
Clavel, ébénisterie. Paris. Seine.
Collas, machines à graver. Paris. Seine.
Colondre et Ducros, châles, Nîmes. Gard.
Compagnie des fonderies, grils en fonte. Niort. Deux-Sèvres.
Constant-Valès, bijouterie. Paris. Seine.
Coutzen, marbres travaillés, Paris. Seine.
Courmont, fil. de coton. Wazemmes. N.
Daguin fils, dentelles. Lyon. Rhône.
Daudet aîné et Chardon, imprimerie sur étoffes. Nîmes. Gard.
Daudet-Quérety, imprimerie sur étoffes. Nîmes. Gard.
Daudville et C., tissus. St-Quentin. Aisn.
Debergu-Desfriches, peignes divers. Lisieux. Calvados.
Debras, châles. Paris. Seine.
Debuchy jeune, tissus. Tourcoing. N.
Defresne (Paul), tissus. Roubaix. Nord.
Delacour, étoffes de crin. Paris. Seine.
Delarue, draperie fine. Elbeuf (Seine-I.)
Delepine, horlog. de précision. Paris. S.
Percelles, machin., outils. Nantes. L.-I.
Dupasseur, fil. de lin, etc. Gerville. S.-I.
Durand, laines en suint. Maison-Rouge. Seine-et-Marne.
Durand, orfévrerie. Paris. Seine.
Falatieu (J.-J.) et Mme Chavanne, acier, Pont-Dubois. (Haute-Saône.)
Feldtrappe fr., rouleaux grav. Paris. S.
Fiolet, pipes, Saint-Omer. Pas-de-Cal.
Fion fils, art. de S.-Quentin. Tarare. R.
Fischer fils aîné, ébénisterie. Paris. S.
Flamant et Lavoisey, draperie fine. Elbeuf. Seine-Inférieure.
Florin-Carlos, laines peig. Roubaix. N.
Flottes fr., draps moy., St-Chignan, H.
Fouquet aîné, châles. Paris. Seine.
Fourdenois, ébénisterie. Paris. Seine.
Fugère, cuivre estampé. Paris. Seine.
Garaudy et C., bijouterie. Marseille. Bouches-du-Rhône.
Garisson, draps moyens. Montauban. Tarn et Garonne.
Gastine-Renette, arquebuserie. Paris. S.
Gillard frères, cuirs et peaux. Sierck. M.
Gisler, pianos. Paris. Seine.
Germain (Pierre), bonnet., le Vigan. G.
Gourju, aciers. Beaupertuis. Isère.
Grob-Schmidt (J.-Jos.), lim. Belleville. S.
Guellard fils aîné, meules. La Ferté-sous-Jouarre. Seine-et-Marne.

Guénebault, laines en suint. Laperrière. Côte-d'Or.
Guérin, pompes, etc. Paris. Seine.
Guyon fr., appar. culinaires. Dôle. Jura.
Hazard père et fils, draps moy. Orléans. L.
Hazard frères, tis. de coton. Rouen S.-I.
Hildebrand, fonte et fer. Hertigny. Vosg.
Honoré (Edouard), porcelaines. Paris. S.
Huilliard aîné, matières tinctoriales. Lyon. Rhône.
Jacquin, machines à bonnet. Troyes. A.
Jacquet jeune, glaces, cristaux. Paris. S.
Jay, chapellerie. Paris. Seine.
Jeanty, Prevost. Perraud et C., raffinage du sucre. La Villette. Seine.
Joly-Leclère, ébénisterie. Paris. Seine.
Kochler, reliure. Paris. Seine.
Lambert-Blanchard, tissus div. Paris. S.
Lamory, coutellerie. Paris. Seine.
Lange, Desmoulin, couleurs. Paris. S.
Languedocq, coutellerie. Paris. Seine.
Lantillac (de) aîné, directeur de la Ferme-Ecole. Salleyonde. Dordogne.
Launay, Hautin et C., porcelain. Paris. S.
Laurent et C., cadres et bordures. Paris. Seine.
Laury, calorifères. Paris. Seine.
Lecocq, cuivre estampé. Paris. Seine.
Lelong, bijouterie. Paris. Seine.
Lemare je, appar. culinaires. Paris. S.
Lenormand, draps moyens. Vire. Calv.
Lepaul, serrurerie. Paris. Seine.
Leroux, produits chim. Vitry-le-Fr. M.
Leroux-Dufie, raffinage du sucre. La Villette. Seine.
Leven, fils aîné, cuirs et peaux. Paris. S.
Liegard, sellerie, bourrellerie. Paris. S.
Malbec et C., meules Vaugirard. Seine.
Mader frères, papiers peints. Paris. S.
Magnin, pâtes, aliment. Clermont-Ferrand. Puy-de-Dôme.
Mansard, faïence fine, grès. Voisinlieu. O.
Marcel (L.) draperie fine. Louviers. E.
Marcelin, mosaïque. Paris. Seine.
Marius-Parcy, draperie fine. Sedan Ard.
Marsais, charbon de terre. S.-Etienne. L.
Martin et C., fécules. Grenelle. Seine.
Mieg et fils, draps moy. Mulhouse H.-R.
Milori, couleurs. Paris. Seine.
Montandon fr., ress. de mont. Paris. S.
Nanot et C., peluches de soie. Sarreguemines. Moselle.
Neuburger, appar. d'éclairage. Paris. S.
Normand, presses typograph. Paris. S.
Ocagne (d') dentelles. Paris. Seine.
Oniolles, laines peign. Angers. M-et L.
Osmon (ve), meubl. en bois et cart. Paris.
Paillard, couleurs. Paris. Seine.
Parent, appareils à peser. Paris. Seine.
Passerat fils et C., rubans de soie. Saint-Etienne. Loire.
Payen, bijouterie. Paris. Seine.
Peugeot aîné et Jackson frères, quincaillerie. Herimoncourt. Doubs.
Pichenot, faïence. Paris. Seine.
Pinard fr., fonte et fer. Marquise. P.-de C.
Plattet fr., cuirs vernis. Paris. Seine.
Pochet-Deroche (J.-B.-P.), cristaux. Paris. Seine.
Pouyer, Quertier et Palier, tissus de coton. Fleury. Eure.
Pradefoule, châles. Nîmes. Gard.
Prin fils aîn., cuirs et peaux. Nantes. L.-I.
Rambaux, instrum. à cordes. Paris. S.
Rieussec, horlog. de précis. St-Mandé. S.
Rochu, pianos. Paris. Seine.
Rogeat fr., appar. culinaires. Lyon. R.
Romagnesi, carton-pierre. Paris. Seine.
Rousseau père et fils. toiles de lin, etc. Fresnay. Sarthe.
Roussel-Dazin, tissus. Roubaix. Nord.
Roustic, draps moyens. Carcassonne. A.
Roux et C., mouvements de pendules. Montbéliard. (Doubs).
St Etienne père et fils, appareils de féculerie. Paris. Seine.
St-Paul (Ve) et fils. toiles métal. Paris. S.
Schoen, pianos. Paris. Seine.
Screpel-Roussel, tissus. Roubaix. Nord.
Sichel-Javal, parfumerie. Paris. Seine.
Schœnée frères, vernis. Paris. Seine.
Societe des hauts fourneaux. Vierzon. C.
Sompairac, draps moyens. Cennes. Monethiés. Aude.
Soubeiran, soies grèg. St-Jean-du-Gard.
Taillandier aîne, coutils de fil. Evreux. E.
Tantenstein et Cordel, caractères d'imprimerie. Paris. Seine.
Tarrides fils, marbres. Toulouse. H.-G.
Terrasson de Montleau, laines en suint. Saint-Estèphe. Charente.
Tesse-Petit, filature de coton. Lille. N.
Trioullier, orfevrerie. Paris. Seine.
Trotry-Latouche, bonneterie. Paris. S.
Truchy, bijouterie. Paris. Seine.
Tulou, instruments à vent, Paris. Seine.
Velly et C., prod. chimiques. Reims. M.
Vernazobre jeune, draps moyens. Bedarieux. Herault.
Vetillard père et fils, toiles de lin, etc. Pontlieu. Sarthe.
Viard, vernis. Paris. Seine.
Vincent, moulages et sculptur. Paris. S.
Violaine (de) frères, glaces, cristaux, Cuffies. Pres Soissons. Aisne.
Vivaux frères, fonte et forges. Dammarie. Meuse.
Wibaux-Florin, tissus. Roubaix. Nord.

MÉDAILLES D'ARGENT.

MM.
Agard et C., prod. chim. Aix. B.-du-R.
Albinet, couv. de laine. Paris. Seine.
Alessandri, ouvr. en ivoire. Paris. Seine.
Alexandre père et fils, orgues. Paris. S.
Ancelot, laines en suint. Châtillon-Soissons. Aisne.
André (Jean), inst. arat. St-Selve. Gir.
Andrès père et fils, tis. de lai. Reims. M.
Angrand, pap. de fantaisie. Paris. Seine.
Arlincourt (d') et C., zinc. Paris. Seine.
Armengaud aîné, dessins de machines. Paris. Seine.
Arnheiter, inst. arat. Paris. Seine.
Association de charpent. La Villette. S.
Aubert, tis. de cot. Rouen. Seine-Inf.
Auger, pompes. Louviers. Eure.
Avy, agriculteur. La Bastide Corbarieux. Tarn-et-Garonne.
Bachelier, imprimeur. Paris. Seine.
Bailleul, prote d'impr. Paris. Seine.
Baincé, meubles et métaux. Paris. S.
Balard, agriculteur. Gionne. Cher.
Barbaza et C., tapis. Belloy. Somme.
Barrère, mach. à grav. Paris. Seine.
Barrès père et fils, soies grèges. St-Jullien et St-Alban. Ardèche.
Baudon Porchez, calorif. Lille. Nord.
Baudot et Bongrand, imit. de marbre. Charenccy. Saône-et-Loire.
Bauerkeller, plans en relief. Paris. S.
Bayard, héliographie sur papier. Batignolles. Seine.
Bazin fils (Arm.), inst. arat. au Menil St-Firmin. Oise.
Béchard, orthopédiste. Passy. Seine.
Bechir-ben-Masian, tissus. Beni-Abes. Constantine.
Beni-Abès, tribu de Constantine. Algér.
Ben-Mimoun, chérif. Beni-Yala du Beni-Abes. Algérie.
Ben-Zekry, femme du caïd, tissus. Constantine. Afrique.
Bernard Breton, agric. St-Théogon. Fin.
Bernard frères, raffinage. Lille. Nord.
Berrus, dessins de fabr. Paris. Seine.
Berthet et Peyret, orfévrerie. Paris. S.
Bertin, horticul. Versailles. S.-et-O.
Besançon et C., prod. chim. Ivry. Seine.
Besson frères, chapeller. Bordeaux. Gir.
Binder, bijouterie. Paris. Seine.
Bisson et Gaugoun, métaux bronzés. Paris. Seine.
Blanchet, bouneterie. Paris. Seine.
Blanchet, coton part. Lafouillée. St-Fort. Mayenne.
Blanchet, mécan. Jacquard. Paris. S.
Blandin (Pierre), ouv. non exp. Rouen. Seine-Inférieure.
Blanpain frères, draper. fine. Sedan. Ar.
Blanzy Poure et C., plumes métalliq. Boulogne-sur-Mer.
Bloch (Nephtalin), fécules. Duttlenheim. Bas-Rhin.
Bluet, tissus de coton. Rouen. Seine-Inf.
Bocquet et Cie., filat. de lin. Ailly-sur-Somme.
Boland, pétrins mécan. Paris Seine.
Bonnet (J.-B.), cult. Rousset. B.-du-R.
Bord, pianos. Paris. Seine.
Borome de Lépine, mouv. de pend. St-Nicolas-d'Aliermes. Seine-Inferieure.
Bouhardet, billards. Paris. Seine.
Boucher, exploitat. de mines. P.-de-C.
Bougueret et Martenot, fonte de fer. Commentry. Allier.
Bourdeaux aîné, instr. de chirurgie. Montpellier. Hérault.
Bourgery (M.), anatomie plast. Paris. S.
Bourgogne, instr. de phys. Paris. S.
Boutard Vignon et C., Châlons. Paris. S.
Boyer, jardinier. Nîmes. Gard.
Bresson, coton retors. Paris Sein.
Breton frères et C., papeterie. Pont-de-Claix. Isère.
Brillier, métayer. Pradines. Loire.
Buffet, instrum. à vent. Paris. Seine.
Buisson, Eugène-Robert et Champanhet. Ste-Tulle, près Manosque. B.-Alp.
Burel, cult. Angerville. Seine-Infér.
Bussière jeune, tapis. Aubusson. Creus.
Cail (Jacques), dir. d'atelier. Denain. N.
Caron, mac. à extraire l'eau. Paris. S.
Carquillat, tis. de soie. Lyon. Rhône.
Carville et C., briques. Alais. Gard.
Cels frères, horticulture. Paris. Seine.
Cerbelaud, four et appar. de dessiccation. Paris. Seine.
Cercueil, teinture. Paris. Seine.
Chagot aîné, fleurs artif. Paris. Seine.
Champanhet-Sargeas (Jules), soies grèg. Vals. Aubenas. Ardèche.
Chappey, mach. à impr. sur étoffes. Rouen. Seine-Infér.
Charpentier, bronzes. Paris. Seine.
Chassaigne, tapis. Aubusson. Creuse.
Chastelain, laines en suint. Vitry-le-Français. Marne.
Chaudun, cartouches et amorces. Paris. Seine.
Chauvière, horticulture. Paris. Seine.
Chenot, éponges métalliq. Clichy. S.
Chevet, conserves. Paris. Seine.
Chocqueel (Louis), imp. sur étoffes. La Briche. Seine.
Chrétien, mosaïques. Paris. Seine.
Chréten, bijouterie. Paris. Seine.
Chuffard, agricul. Birmandreis. Algérie.
Clair, modèles de mach. Paris. Seine.
Claye et C., imprimeurs. Paris. Seine.

Clément, outils de sondage. Paris. S.
Clerget, appar. pour l'essai des sucres. Paris. Seine.
Clerget (Ch.), dessins de fabriq. Paris. S.
Coignet père et fils, gélatine et colle forte. Lyon. Rhône.
Collard et Comte, rub. de soie. Paris. S.
Compagnie des ardoisières du Moulin-St-Anne. Ardennes.
Corrège (Ant.), mach. à nett. le blé. Paris. Seine.
Couprie et C., draperie fine. Elbeuf. Seine-Inférieure.
Courtépée et Duchesnay, cuirs et peaux. Paris. Seine.
Courtois, cuirs vernis. Paris. Seine.
Cremer, ébénisterie. Paris. Seine.
Cremet, éleveur. Coueron. Loire-Infér.
Cruchet, carton-pierre, Paris. Seine.
Cuny Gérard, fermier. St-Dié. Vosges.
Curtet, huiles Alger Afrique.
Dandoy-Maillard, pièces détachées. Maubeuge. Nord.
Dauchel fils aîné et C., tapis. Amiens. S.
Dauphinot-Baligo., tissus. Paris. Seine.
Dautremer et C., filat. de lin, etc. Lille. Nord.
David aîné et C., plomb. Paris. Seine.
Debain, orgues. Paris. Seine.
Debergue, tampons en caoutchouc. Paris. Seine.
Deck aîné, instr. arat. Fécamp. S.-Inf.
Decoudun (Veuve) mach. div. Paris. S.
Defontaine et C., fécules. Marquette. Nord.
De Laere, fleurs artificielles. Paris. S.
Delafontaine, bronzes. Paris. Seine.
Delajoux, desservant. Fougny. Ain.
Delamarre, teinture. Rouen. Seine-Infér.
Delamorinière Gonin, impr. sur étoffes. Paris. Seine.
Delcambre, machine typographique. Paris. Seine.
Delepaul et C., tissus. Roubaix. Nord.
Delfosse frères. tissus. Roubaix. Nord.
Derriey (Jacq.). car. d'impr. Paris. S.
Deruque et Godefroy, blanchiment. Rouen. Seine-Infér.
Dervaux-Lorthiois et Dutilleul, tissus. Roubaix. Nord.
Desplanques. laines en suint. Lisy-sur-Ourcque. Seine-et-Marne.
Desprets, aciers. Milliourd-sur-Anor. N.
Desroches, destruction de la pyrale. La Romanèche. Saône-et-Loire.
Desvarennes et C., bitumes, etc. Paris. Seine.
Desvaux, maître de poste. Courville. Eure-et-Loir.
Detouche et Houdin, horlog. de précis. Paris. Seine.
Devinck, mach. à chocolat. Paris. S.
Devismes, arquebuserie. Paris. Seine.
Deydier (Ch.P.), soies grèges. Ucel.Ardè.
Deyeux et C., creusets. Liancourt. Oise.
Dezaux Lacour, cuirs et peaux. Guise. Aisne.
Doe fr. et C., fonte et fer. St-Maurice. S.
Dubreuille Dervaux, raffinage. Wargnies-Legrand. Nord.
Ducel, Lefebvre et Defitte, fonte et fer. Pocé. Indre-et-Loire.
Ducruy fils et Rossignol, chap. de paille. Grenoble. Isère.
Duhamel frères, linge damassé. Merville. Nord.
Dumaine, carrosserie. Paris. Seine.
Dumaine, Dorian et C., faulx. Valbenoîte. Loire.
Dumas, horlog. de précis. Paris. S.
Dupin (Louis), inst. de physiq. Paris. S.
Duprat et C., bouchons de liége. Castres. Tarn.
Durand père. cultiv. Morlac. Cher.
Durand et Bal, peignes pour gaze à blut. Lyon. Rhône.
Dutloy, couleurs. Paris. Seine.
Dutremblay, faïence fine. Rubilles. S.-et-Marne.
Davoir, mach. à bat. Liancourt. Oise.
Elou, constr. de mach. Paris. Seine.
Eslanger, pianos. Paris. Seine.
Evrard, corps gras. Douai. Nord.
Eymieu père et fils, filat. de soie. Saillans. Drôme.
Fabrègue, Nourry fils et Barnouing et C., châles. Nîmes. Gard.
Faminère frères, non expos. Paris. Seine.
Fauville, éleveur. Neville. Nord.
Féau Béchard, teinture. Orléans. Loiret.
Fey et Martin, tis. de soie. Tours. Indre-et-Loire.
Finbel-Lergès et C., ressorts de voitur. Paris. Seine.
Fisher frères, tis. de cot. Ste-Marie-aux-Mines. Haut-Rhin.
Flageolet, tis. de cot. Vagney. Vosges.
Flamet jeune, tissus imperméa. Paris. S.
Fleurimont L'abbé, à la Sabinière. Vie.
Follet (Arm.), ornem. pour serres et jardins. Paris. Seine.
Fortier Beaulieu, cuirs et p. Percy. S.
Fortin Hermann, f. ins. de phy. Paris. S.
Fougère, plaque. Paris. Seine.
Fournival fils et C., laines peignées. Paris. Seine.
Franc père, fils et Marcelin, laines peignées. St-Rambert. Ain.
Fray, orfèvrerie. Paris. Seine.
Fremy, emeri. Paris. Seine.
Frey, mach. à vap. Belleville. Seine.
Fritz-Sollier, bandes de billards. Lyon. R.
Fumière et Fortin, cardes. Rouen. S.-I.
Furstenhoff, fleurs artifi. Paris. Seine.
Gabet et Dubus, batteur. Rouen. S.-In.
Galimard, dess. de fabriq. Paris. Seine.
Gannery, horlog. de précis. St-Nicolas-d'Aliermont. Seine-Inférieure.
Gaudchaud et Picard, draps moyens. Nancy. Meurthe.

Gaudy, marbres. Boulogne-sur-Mer. Pas-de-Calais.
Gautrot aîné, ins. à vent. Paris. Seine.
Gervais, calorifères. Paris. Seine.
Gevelot et Lemaire, cartouches et amorces. Paris. Seine.
Gillet, (Aug.), sardines à l'huile. Kneven. Morbihan.
Givord et C., mach. à vap. Lyon. Rhô.
Godard et Boutemps, tissus. de fil. Cambrai. Nord.
Godat, cult. maraich. Versailles. S.-et-O.
Godfroy, inst. à vent. Paris. Seine.
Godillot (Alex.), emballages. Paris. S.
Goube Pierrache, cuirs et p. Douai. Nord.
Gourdin et C., boutons. Paris. Seine.
Granger, bijouterie. Paris. Seine.
Grangoir, serrurerie. Paris. Seine.
Grassot et Joanard, linge damas. Lyon. Rhône.
Grenier, toiles de lin, etc. Armentières. Nord.
Groult jeune, subst. alim. Paris. Seine.
Guénal, plans en relief. Paris. Seine.
Guérin de Kersaint et C., fonte et fer. Montluçon Allier.
Guerre, coutellerie. Langres. Haute-M.
Guesdon, cultivat. Juvigny. Mayenne.
Gueyton, orfévrerie. Paris. Seine.
Guillaume, presse typograph. Paris. S
Guillemot, cultivateur. Nozay. Marne.
Guillot jeune, cuirs et peaux. Paris. S.
Hache et Pepin-Lehalleur, porcelaines. Vierzon. Cher.
Halary, instruments à vent. Paris. S.
Hamoir, Serret et C., hauts fourneaux. Valenciennes. Nord.
Harding-Cocker, peignes à lin. Lille. N.
Harmel frères, laines peign. Warmérille.
Haro, toiles pour peintre. Paris. Seine.
Hayot-Heudiard, carrosserie. Caen. Calv.
Hédiard, soupape atmospheriq. Paris. S.
Henriot (N.) fab. soies greges. Reims. M.
Hermann, mach. a chocolat. Paris. S.
Hertz (Henri) et C., pianos. Paris. Seine.
Heutte, blanchiment. Bapaume. P.-de-C.
Holtzer, aciers. Firmini-d'Unieux. Loire.
Huard frères, horlogerie de précision. Versailles. Seine-et-Oise.
Hue, machines à agrafes. Paris. Seine.
Hulot, mod. de bil. de banque. Paris. S.
Husson et Buthod, orgues a main. Paris. S.
Husson (J.-Bapt.), instruments aratoires. Haussonville. Meurthe.
Institution des jeunes aveugles, outils. Paris. Seine.
Inizarne, eleveur. Finistère.
Jacquemin père et fils, porcel Morez. J.
Jacquet, frères et neveu, hauts fourneaux. Rachecourt. Seine-et-Marne.
Jacquot, instrum. à cordes. Nancy. M.
Jacun, ouvrier lithographe. Paris. Seine.
Jaillet, ouvrier non exposant. Lyon. R
Jamain et Durand, arboriculture. Bourg-la-Reine. Seine.
Jantet, agriculteur. Bone. Algérie.
Jeanselme (J.-P.-Fr.), ébénist. Paris. S.
Joas (Esther), ouvrier non exposant. Bayeux. Calvados.
Joly, combles en fer. Argenteuil. S.-et-O.
Joly aîné, corderie. St-Malo. Ille-et-Vil.
Joubert-Bonnaire, toiles à voiles. Angers. Maine-et Loire.
Jourdain-Defontaine et C., tissus. Turcoing Nord.
Juhel-Desmares, draps moy. Vire. C.
Julien (André), passem. Tours. I. et-L.
Karcher et Westermann, quincaillerie. Metz. Moselle.
Karmis, directeur de la ferme exper. de Kervignac. Morbihan.
Kœnig, tis. de coton Ste-Marie-aux-Min.
Krafft, rouleaux gravés. Paris. Seine.
Krauss, dir. de la colonie Ostwald. B.-R.
Laballe, minoterie et couscoussous. Bône. Algerie.
Labbaye, instruments à vent. Paris. S.
Lafaye, vitraux peints. Paris. Seine.
Lainé, prote d'imprim. Didot. Paris. S.
Lallemand fils, teinturerie. Sedan. Ard.
Laudron fr., cuirs et peaux. Meung. L.
Laroche, Joubert, Dumergue et C., papeterie, Nersac. Charente.
Lastic, cultivateur a St-Jal-les-Essarts-St-Julien. Vienne.
Laurent, tabletterie. Paris. Seine.
Laurent et Deckerr, turbine, au Châtelet. Vosges.
Laya et C., minoter. et couscouss. Alger.
Leblanc, dessins de machines. Paris. S.
Leblanc (C.), bélier d'épuis. la Fleche. S.
Leblond, mannequins p. peintr. Paris. S.
Lebrun jeune, marbres. Paris. Seine.
Lecat, cultivateur. Bondues. Nord.
Lecottier, cultivateur Josselin. Morbih.
Lecomte, aîné, engrais. Reims. Marne.
Lecreps, lain. en suint. Lormois. S.-et-O.
Lecrosnier, toiles cirees. Paris. Seine.
Lefaucheux, arquebusier. Paris. Seine.
Lefevre-Desmaisons, cultiv. Bailly. Orn.
Legal (Rene), cuirs et peaux. Château-briant. Loire-Inferieure.
Legallou (H.), ferm. Mousteru. C.-du N.
Legavrian et Farinaux, mach. à vapeur. Lille. Nord..
Lejeune-Mathon, lain. peig. Roubaix. N.
Leloup, machines à vapeur. Paris. Sein.
Lemee, cultivateur. St-Aignan. Mayen.
Lemonnier-Chennevière, draperie fine. Elbeuf. Seine-Inferieure.
Lenègre, reliure. Paris. Seine.
Lenormand, culture maraich. Paris. S.
Lequesne, pompes et presses a vermicelle. Paris. Seine.
Lerolle frères, bronzes. Paris. Seine.
Leroy et fils (Nicolas), Ranlin et C., draperie fine. Sedan. Ardennes.
Lesenne, éleveur. Froberville. Seine-I.
Lespinasse, fours et appareils de dessiccation. Paris. Seine.

Letourneau et C., phares. Paris. Seine.
Lignères, draps moy. Carcassonne. Aud.
Lion frères, châles. Paris. Seine.
Louvet (Numa), outils divers. Paris. S.
Lucy-Sédillot et C., articles de St-Quentin. Paris. Seine.
Mabire, cultivateur. St-Germain-d'Etables. Seine Inférieure.
Malezieu-Lefebvre et C., passementerie. Paris. Seine.
Mallet, prod. chim. La Villette. Seine.
Manufacture de glaces. Montluçon. Al.
Marguerie (Bern.), pap. peints. Paris. S.
Marsuzy de Aguirre, carton-pier. Paris. S.
Martens, instruments de phys. Paris. S.
Martin, matières tinctoriales. Lyon. R.
Martin, orgues. Paris. Seine.
Martin de Lignac, conserves de lait. Montlevade. Creuse.
Mascara, (La ville de), tissus. Oran. Alg.
Mathias (Augustin), bibliothèque scientifique-industrielle. Paris. Seine.
Matifat, bronzes. Paris. Seine.
Mayer (veuve), cartonnages. Paris. S.
Mazure-Mazure, tissus. Roubaix. Nord.
Mecllet, cultivat. au Quesnoy. Calvados.
Mehu, app. de mines. Anzin. Nord.
Meissonnier fils, matières tinct. Paris. S.
Mequillet Noblet et C., imp. sur étoffes. Hericourt. Haute-Saône.
Michaud, inst. à vent. Paris Seine.
Michel, horticulture. Paris. Seine.
Michel, mach. pour la soie. St-Hippolyte du Gard.
Michel, mécan. Jacquard. Nîmes. Gard.
Miroy frères, tôles vernies. Paris. Seine.
Millet, agricul. élev. St-Avertin. I.-et-L.
Mohammed-ben-Mabroouck, tissus. Oasis bentious des zibans, tribus des Harectas. Algérie.
Molines (J.-H.-L.), soies grèges. St-Jean-du-Gard.
Molteni et C., inst. de phys. Paris. S.
Mongas, laines en suint. Limoges-Fourches. Seine-et-Marne.
Monnot Leroy, laines en suint. Pontru. Aisne.
Monpelas, savons et cosmét. Paris. S.
Montal, pianos. Paris. Seine.
Montfalcon et Bozonnet, châles. Lyon. R.
Moreau, ouvr. en ivoire. Paris. Seine.
Moreau, soies grèg. et huile. Bône. Algér.
Motte-Bossus et C., filat. de coton. Roubaix. Nord.
Mottet, matières tinct. Paris. Seine.
Mounier et f., rub. de soie. St-Etienne. L.
Mourceau et C., étoffes pour meubles. Paris. Seine.
Moussard, carrosserie. Paris. Seine.
Moysen (Ch.-Hen.), propriétaire. Mézières. Ardennes.
Mullier (Alex.), pianos. Paris. Seine.
Neveu, filat. de coton. Malaunay. S.-I.
Neyraud-Thiollière-Bergeron-Verdier et C., aciers. Lorette. Loire.
Niederreither, pianos. Paris. Seine.
Noël fils, peignes. Paris. Seine.
Oberhaeuser, inst. de phys. Paris. S.
Oran (La ville d'), tissus. Afrique.
Osmont-Bertèche, draperie fine. Elbeuf. Seine Inférieure.
Paillard, miroiterie. Paris. Seine.
Paillet, horticulture. Paris. Seine.
Palmer, tréfilerie. Paris. Seine.
Pardoux (Jean), inst. arat. Raudon. Puy-de-Dôme.
Paris (Ch.-Em.), porcelain, etc. Paris. S.
Pasquier, éleveur. Paris. Seine.
Patoux, glaces, cristaux. Aniche. Nord.
Paublan, serrurerie. Paris. Seine.
Pauchet, appar. culinaires. Paris. Seine.
Paul, ouv. chez M. Mazeline. Hâvre. S.-I.
Payerne (le docteur), bateau sous-marin. Paris. Seine.
Peigné Delacourt, tis. de coton. Paris. S.
Pele, horticulture. Paris. Seine,
Peltereau, cuirs et peaux. Château-Renault. Indre-et-Loire.
Perreaux, instrum. de phys. Paris. S.
Perrot, arquebuserie. Paris. Seine.
Petin et Gaudet, fabrication du fer. Rive-de-Gier. Loire.
Petit (Jacob), porcelain. Fontainebleau. Seine-et-Marne.
Petit (Jacob), bougies. Grenelle. Seine.
Petyt (J.-C.), gravure et fonte de caract. d'imprimerie. Paris. Seine.
Pichon-Premelé, cult. Aunon. Orne.
Pidault, arquebuserie. Gentilly. Seine.
Pigache et Mallat, dentell., etc. Paris. S.
Pimont, calorifères. Rouen. S.-Infér.
Pin Bayard et C., tissus. Roubaix. Nord.
Pitiot, ouv. non exposant. Paris. Seine.
Palmann frères, prod. chim. Aux Moulins. Nord.
Pollet (Joseph), tissus. Roubaix. Nord.
Pompery (de), cult. Cery Salsogne. Aisne.
Pompery (de), cult. Rosnoën. Finistère.
Popelin Ducarre, charbon de Paris. Paris. Seine
Portal de Moux, laines en suint. Conques. Aude.
Pottet, arquebuserie. Paris. Seine.
Pouyer-Quertier et fils, filat. de coton. Rouen. Seine-Inférieure.
Prevost, mach. à gants. Paris. Seine.
Proux (C.-H.), instr. arat. Levet. Cher.
Putheaux et Parpette, presses et crics. Sedan. Ardennes.
Quenet frères, teinture. Rouen. S.-Inf.
Radiguet et fils, inst. de phys. Paris. S.
Renard Perrin et C., bois peints Paris. S.
Renneberg et C., statues en terre. Montrouge. Seine.
Retou, ouv. non exposant. Flers. Orne.
Revil et C., filat. de soie. Amilly. Loiret.
Rey et C., (association ouvrière), ébénisterie. Paris. Seine.
Rhem, tissus de coton. Marennes. S.-I.

Riess (Martin), gélatine. Dieuze. Meurt.
Rives (Jacques), contre-maître. fab. de limes. Toulouse. Haute-Garonne.
Rocle (Michel), marbres. Paris. Seine.
Rocher (Laurent), fab. d'engrais. Saumur. Maine-et-Loire.
Roissard, inst. de chirur. Brest. Finist.
Roques aîné, cult. Dampierre St-Blevy. Eure-et-Loir.
Roucou, fourbisserie. Belleville. Seine.
Rouffet fils aîné, mach. à vap. Paris. S.
Rousée, tiss. de coton. Darnetal. S.-Infé.
Rousselle frères, bougies. Jurançon. B.-P.
Rouvières-Cabane, Milhaud, tapis. Nîmes. Gard.
Rouxel, Martin et Grill, chanvre et lin. St-Brieuc. Côtes-du-Nord.
Ruef et Bicard, draps moyens. Bischwiler. Bas-Rhin.
Ruff, mach. à mesurer. Paris. Seine.
Sabathier, lain. en suint. Bourges. Cher.
St-Amand, fab. d'engr. Nantes. L.-Inf.
St-Maur, agriculteur. Arbal. Afrique.
Salleron, cuirs et peaux. Paris. Seine.
Sanguinède, trempe d'acier. Paris. S.
Sappey, marbres. Vizille. Isère.
Sautreuil fils, mach. à rabot. le bois. Fécamp. Seine-Inférieure.
Sauves (Commune de), instrum. arat. Sauves. Gard.
Savaresse (Phil.), appar. à eau gaz. Paris.
Savin Larclause, cultiv. Aux-Monts-de-Ceaux. Vienne.
Scheurer, Roth et C., tiss. de coton. Ribeauvillers. Haut-Rhin.
Schiertz, ébénisterie. Paris. Seine.
Schloss (Hen.), portefeuilles. Paris. S.
Senéchal, mach. à couper et coudre les gants. Paris. Seine.
Sentis p. et fils, association entre patrons et ouvr., laines peig. Reims. Marne.
Serbat, prod. chim. St-Saulve. Nord.
Serveille, chemins de fer et wag. Paris. Seine.
Sidi-Hamida, muphti. Oran (Algérie).
Si-el-Medani du Ben Taleb. Constantine (Algérie).
Simonnet, prod. chim. Alger. Afrique.
Société de la Providence, hauts fourneaux, Haumont. Nord.
Souma, soies grèges. Commune de Bône (Algérie).
Soyer-Vasseur, tissus. Lille. Nord.
Sthal, moul. sculp. Paris. Seine.
Steiner, cultiv. au Steinerhof. B.-Rhin.
Steiner, tissus de cot. Ribauvillers. Haut-Rhin.
Strœhlin, Peynaud et Lecomte, tissus de coton. Rouen. Seine-Infér.
Sureau, eleveur. Eure-et-Loir.
Suret, orgues. Paris. Seine.
Surer (Henri), cuirs, etc. Nantes. Loire-Infér.
Tackeray, drainage des terres. Paris. Seine.
Tahan, ébénisterie. Paris. Seine.
Taillebouis, Verdier et C., bonneterie. Paris. Seine.
Taillefer et C., aiguilles et épingl. Laigle. Orne.
Tavernier, invent. des draps de Bazeilles. Ardennes.
Tétard, bandages p. les chev. Haussonville. Meurthe.
Théodon, cannes-parap. Paris. Seine.
Thibault et Koteleer, horticulteur. Paris. Seine.
Thibert et Adam, peluch. de soie. Metz. Moselle.
Thiriez et C., filat. de coton. Esquermet. Nord.
Thomas, mesures div. Paris. Seine.
Thoré (Ch.), cult. L'Epau-d'Yvre-l'Évêque. Sarthe.
De Tillancourt, soies grèges. Paris. Seine.
Tissier aîné, prod. chim. Le Conquet. Finistère.
Tlemcen (La ville de), tissus. Oran. Alg.
Touaillon jeune, constr. de moul. Paris. Seine.
Tronchon, treillages. Passy. Barrière de l'Étoile.
Turck, direct. de l'institut agric. de Ste-Geneviève, près Nancy. Meurthe.
Vachon p. et fils, meuniers. Lyon. Rh.
Valérius, orthopédiste. Paris. Seine.
Vallier, agricult. Dely-Ibrahim (Algér.).
Vaugeois et Truchy, passement. Paris. Seine.
Veron fr., gluten granulé. Ligujé. Vienn.
Vieillard et C., faïence fine. Bordeaux. Gironde.
Violette, prod. chim. Esquerde. Pas-de-Calais.
Vissière, horlog. de préc. Argenteuil. Seine-et-Oise.
Vittoz, bronzes. Paris. Seine.
Zamoura (Tribu des), tissus. Constantine (Algérie).
Zeiger, orgues. Lyon. Rhône.

NOUVELLES MÉDAILLES DE BRONZE.

MM.
Antoine, Collin et C., tissus. Saulx. Vosges.
Armand (Clerc), instrum. arat. Paris. S.
Baudry, ébénisterie. Paris. Seine.
Bernier, quincaillerie. Paris. Seine.
Beudon, couvert. de laine. Paris. Seine.
Bodeur, instr. de phys. Paris. Seine.

Bouet, châles. Nîmes. Gard.
Boulard et Piednoir, tissus de fil. Cholet. Maine-et-Loire.
Breton fr., instr. de phys. Paris. Seine.
Bry, lithogr. Paris, Seine.
Burat, bandagiste. Paris. Seine.
Celis, brunissoirs. Paris. Seine.
Chanson (Mme), dess. de tapis. Paris. S.
Cheret, mach. à charru. Paris. Seine.
Clicquot, roulettes p. grav. Courbevoie. Seine.
Colkard et Belzac, chaussons. Paris Seine.
Conil-Lacoste, graveur sur bois. Paris. Seine.
Cosnuau, mach. à agrafes. Paris. Seine.
Dameron, carrosserie. Paris. Seine.
Debeine et Cresson, sacs sans couture. Paris. Seine.
Debu p. et fils, tissus. Blosseville-Bonsecours. S.-Infér.
Delacour, fourbisserie. Paris. Seine.
Delaforge, souffl. de forge. Paris. Seine.
Delaunay et C., produits chim. Portillon, près Tours. Indre-et-Loire.
Demy-Doineau et Braquerie, tapis. Aubusson. Creuse.
Desbordes, manomètres. Paris. Seine.
Dorval, serrurerie. Paris. Seine.
Dournay et C., bitumes. Lobsann. Bas-Rhin.
Dubrulle, appar. d'éclair. Lille. Nord.
Dutrou fils, rub. de soie. Paris Seine.
Duval, access. de mach. à vap. Paris. Seine.
Enfer, souffl. de forges. Paris. Seine.
Fichet, serrurerie. Paris. Seine.
Fort et Aguirre, couv. de laine. St-Jean-Pied-de-Port. B.-Pyrénées.
Gibelin et f., soies grèges. La Salle. Gard
Gisclard, savons. Alby. Tarn.
Grange et Prodon-Pouzet, coutellerie. Paris. Seine.
Guerin (Samuel) passementier. Nîmes. Gard.
Guillaume, presse à timbr. Paris. Seine.
Have, ferm. domiciliaire. Paris. Seine.
Henry (Veuve), marbres. Laval. Mayen.
Hurez, calorifères à air chaud. Paris. S.
Jacquot, fermet. domic. Paris. Seine.
Joliet, étoffes de crin. Paris. Seine.
Junot, châles. Paris. Seine.
Lamotte et C., lingerie. Paris. Seine.
Lebœuf, corderie. Paris. Seine.
Lebrun, reliure. Paris. Seine.
Leger-Francollin et C., couv. de laines. Patay. Loiret.
Lepicard, tissus. Rouen. S.-Infér.
Mainfroy, meubles en bois et cart. Paris. Seine.
Malteau, mach. à impr. s. étoffes. Elbeuf. Seine Infér.
Marion, papeterie de luxe. Paris. Seine.
Massun et fils, aiguilles et éping. Metz. Moselle.
Melzessard, fermet. domic. Paris. Seine.
Mongin, ouv. arquebus. Paris. Seine.
Muret Solanet et Palangié, drap. légère. St-Geniès. Aveyron.
Nachet, instr. de phys. Paris. Seine.
Neuss, aiguilles et éping. Vaise. Rhône.
Noyer fr., soies grèges. Dieu-le-Fit. Drôme
Orléans (d'), grosse horlogerie. Paris. S.
Poirier, presses typogr. Paris. Seine.
Poly et C., fonte et fer. Grenelle. Seine.
Ponchon fils aîné, drap. légère. Vienne. Isère.
Provensal et C., tissus. Moussey. Vosges.
Reynaud père et f., châles. Nîmes. Gard.
Ringaud (Henri) et C., prod. chimiques. Paris. Seine.
Rockel, appar. d'écl. Metz. Moselle.
Roger fils, meules. La Ferté-s.-Jouarre. Seine-et-Marne.
Rottée, métiers et mach. Paris. Seine.
Sagnier-Teulon, tissus de soie. Nîmes. Gard.
Sirot p. et fils, grosse quincaill. Trith-St-Léger. Nord.
Siry Lizard et C., appar. d'éclair. Paris. S.
Stolz fils, access. de mach. à vapeur. Paris. Seine.
Thomin, cuivre estampé. Paris. Seine.
Vauthier, coutellerie. Paris. Seine.

RAPPELS DE MÉDAILLES DE BRONZE.

MM.
Abt, chapeaux de paille. Paris. Seine.
Andrieux Vallée p. et fils, fabr. de pap. Morlaix. Finistère.
Association ouvr. fonte et fer. Arcachon. Gironde.
Bach-Pérès, stores. Paris, Seine.
Baluy, ébénisterie. Paris. Seine.
Barré-Russin, porcel., etc. Orchamps. Jura.
Barthélemy (Asterquiza), billards. Paris. Seine.
Basnier (Mme), cuivre estampé. Paris. Seine.
Baudat, mach. à sc. le bois. Paris. Seine.
Beaufay, creusets. Paris. Seine.
Belhommet fr., bougies. Landerneau. Finistère.
Benoit-Langlassé, tôles vernies. Paris. Seine.
Berard et C., marbres. Paris. Seine.
Berger-Walter, glaces, cristaux. Paris. Seine.
Bergougnan, coutellerie. Paris. Seine.

Bertaud, ébénister. Paris. Seine.
Besquent (Jul.), fonte et fer. Vannes. Morbihan.
Biais (Nic.), passement. Paris. Seine.
Bienaymé, horlogerie. Dieppe. S.-Inf.
Blot (H.)-Heutte, cuirs vernis. Paris. S.
Bonnal et C., gaze p. blut. Montauban. Tarn et-Garonne.
Bordeaux, cuivre estampé. Paris. Seine.
Bouland, limes. Paris. Seine.
Bourg, garde-robes. Paris. Seine.
Boutung, ébénisterie. Paris. Seine.
Boyer, bronzes. Paris. Seine.
Boyer frères, draperie légère. Limoges. Haute-Vienne.
Boyveau, Pelletier et C., prod. chim. Paris et Vaugirard. Seine.
Breton, instr. à vent. Paris. Seine.
Briche van Barinchore, draperie légère. Saint-Omer. Pas-de-Calais.
Briet, appar. à eau gazeuse. Paris. Seine.
Brisset père, presses typogr. Paris. Seine.
Britz, tours. Belleville. Seine.
Buffet-Crampon, instrum. à vent. Paris. Seine.
Cavy jeune et C., habillements. Nevers. Nièvre.
Cazal, parapluies. Paris. Seine.
Chételat, savons, etc. Paris. Seine.
Chevallier-Curt, appar. culinaires. Paris. Seine.
Chinard fils, châles. Paris. Seine.
Colletta, tabletterie. Paris. Seine.
Colson, couleurs. Paris. Seine.
Compagnie des ardoisières. Rimognes. Corrèze.
Cordonnier (veuve), tissus. Roubaix. Nord.
Cornillier aîné et C., substances alim. Nantes. Loire-infér.
Courtey fr. et Barré, drap. légère. Périgueux. Dordogne.
Crousse, fleurs artificielles. Paris. Seine.
Dachez et Duverger, châles. Paris. Seine.
Debaussaux, pompes, etc. Amiens. Som.
Deroland, limes. Paris. Seine.
Desfossés fr., porcelaines. Paris Seine.
Dier, habillements. Batignolles. Seine.
Dotin, émaillage sur métaux. Paris. S.
Ducommun, appar. de filtr. Paris. Seine.
Durand (Pierre), cuirs et peaux. Rully. Calvados.
Dutuit, filat. de lin, etc. Barentin. Seine-Inférieure.
Duval, imitat. de marbres. Paris. Seine.
Estivant (P.-J.) et Bidou fils, cuirs et peaux. Givet. Ardennes.
Fanfernot et Dulac, impr. sur étoffes. Belleville. Seine.
Farge, teintures. Lyon. Rhône.
Faure, mannequins. Paris. Seine.
Fenoux, nécess., portef. Paris. Seine.
Ferrand, couleurs. Paris. Seine.
Ferrand-Lamotte (Cl.), papet. Troyes. Aube.
Feuillâtre, garde-robes. Paris. Seine.
Frestel, coutellerie. St-Lô. Manche.
Frick, teinture, etc. Paris. Seine.
Froid, limes. Paris. Seine.
Gagin (P.), tissus imperm. Montmartre. Seine.
Gailard (Mme), pompes, etc. Paris. S.
Gaillard, bougies. Paris. Seine.
Garand, ébénisterie. Paris. Seine.
Gaupillat, Illig, Guindorff et Masse, cartouches et amorces. Sèvres. S.-et O.
Gavard, instr. de phys. Paris. Seine.
Genoux, pap. peints. Paris. Seine.
Gérard (Veuve) et Dutetel, quincailler. Paris. Seine.
Geslin, meubles en mét. Paris. Seine.
Girard, stores. Paris. Seine.
Girard-Pinsonnière, cuiv. estampé. Paris. Seine.
Giraudon, access. de mach. à vap. Paris. Seine.
Girouy, couleurs. Paris. Seine.
Gobert, corsets. Lyon Rhône.
Gotten (Veuve), appar. d'éclair. Paris. Seine.
Grasset (L.-Aug.), aciers. St-Aubin-les-Forges. Nièvre.
Greer, bijout. Paris. Seine.
Gremilly et C., bitumes, asph. Paris. Seine.
Guilbert fils, tabletier. Paris. Seine.
Guille-Louvette, billards. Paris. Seine.
Guillemot fr., passem. Paris. Seine.
Guillou et Savoy, moulage et sculpture. Paris. Seine.
Hardouin, moulage et sculpture. Paris. Seine.
Harmois fr., boyaux d'inc. Paris. Seine.
Hattat, stores. Paris. Seine.
Herbin (Jacq.), cire à cacheter. Paris. Seine.
Hesselbein, pianos. Paris. Seine.
Hildebrand, instr. à cordes. Paris. Seine.
Hœfer, ébénist. Paris. Seine.
Hoyos, appar. culin. Paris. Seine.
Jacquemart, serrur. Paris. Seine.
Julien (Fel.-J.-B.), fleurs artificielles. Paris. Seine.
Jury fils. passem. St-Ambert. Puy-de-Dôme.
Joanne, appar. d'écl. Paris. Seine.
Kreutzy, access. de mach. à vap. Paris. Seine.
Klein, ébénist. Paris. Seine.
Koska, pianos. Paris. Seine.
Laming et C., prod. chim. Clichy. Seine.
Langlois (Mlles). porcel. Bayeux. Calvad.
Lannes de Montebello, appar. à boucher les bout. Paris. Seine.
Lardière, reliure. Paris. Seine.
Laude jeune. sommiers élastiq. Paris. Seine.
Laude aîné, meubl. en mét. Paris. Seine.
Lebedel, mach. à perles fausses. Paris. Seine.

Lécluze - Biard, coutils de fil. St - Lô. Manche.
Lecocq, calorif. à air ch. Paris, Seine.
Lelogé, appareil de filt. Paris. Seine.
Lemesle fils, imitat. de marbres. Paris. S.
Leon, vernis. Paris. Seine.
Leroy (Ch.), bougies. Paris. Seine.
Leroy, garde-robes. Paris. Seine.
Leydecker, inst. de phys. Paris. Seine.
Lœuillet, grav. et fonte. Paris. Seine.
Lombard, carton-pierre. Paris. Seine.
Lombard, ébénist. Paris. Seine.
Maniguet, drap. lég. Vienne. Isère.
Marchand-Lecomte, couvert. de laine. Patay. Loiret.
Margoz, tours. Paris. Seine.
Marie et C., coutils de coton. Laval. Mayenne.
Marquis, bronzes. Paris. Seine.
Marsoudet. ébénist. Paris. Seine.
Marti et C., mouvem. de pend. Montbeliard. Doubs.
Mary (L.), toiles de lin, etc. Esseuilles-St-Rimault. Oise.
Mermet. pianos. Paris. Seine.
Michel (Fr.), clichés. Paris. Seine.
Michel, mach. à bout. les cardes. Rouen. Seine-Infér.
Micoud, cuirs vernis. Belleville. Seine.
Milland, teint., etc. Valbenoite. Loire.
Moret et C., filat. de lin, etc. Betheni-court. Aisne.
Morisot, cadres, bord. Paris. Seine.
Morize aîné, ganterie. Paris. Seine.
Navarron-Dumas, coutellerie. Lebessay, près Thiers. Puy-de-Dôme.
Naze fils, et C., dessins de fabr. Paris. Seine.
Nocus, glaces, crist. St-Mandé. Seine.
Parisot, coutellerie. Paris. Seine.
Person, broder. de Paris. Paris. Seine.
Petitbon, fonte de caract. d'impr. Paris. Seine.
Philippot, marbres. Perpignan. Pyrén.-Orient.
Piat, mach., outils. Paris, Seine.
Pradier (Jos.), soies grèges. Annonay. Ardèche.
Prelat, arquebuserie. Paris. Seine.
Prevost-Wenzel, fleurs artific. Paris. S.
Prudhomme, quincaill. Paris. Seine.
Pupil, limes. Paris. Seine.
Raingo fr., bronzes. Paris. Seine.
Raoul aîné, limes. Paris. Seine.
Rheims et C., impr. sur étoffes. Paris. S.
Richard, bijout. Paris. Seine.
Rodel, bronzes. Paris, Seine.
Rojon, émeri. Paris. Seine.
Rousseau, rouleaux et outils. Paris. Seine.
St-Maurice-Cabany (Veuve), registres. Paris. Seine.
Sallandrouze (Alexis), tapis. Aubusson. Creuze.
Salleron, pap. de fant. Paris. Seine.
Sauvage, moulage et sculpture. Paris. Seine.
Sorrel, Berthelet et C., cuirs et peaux. Moulins. Allier.
Susse fr., bronzes. Paris. Seine.
Taborin (Franç.), limes. Paris. Seine.
Terisse-Cabirol, tissus imperm. Paris. Seine.
Teitelin - Montagne, tissus. Roubaix. Nord.
Texier, carton-pierre. Montmartre. S.
Thiriou, pompes, etc. Paris. Seine.
Thuvien, presses typogr. Paris. Seine.
Thorey et Virey, caract. d'impr. Paris. Seine.
Thouret, orfév. de maill. Paris. Seine.
Torcapel-Thouroude, dentelles. Caen. Calvados.
Trempé oncle et C., maroq. Paris. Seine.
Trolliet et Perret, cirage, encre. Paris. Seine.
Troussel, toiles métall. Paris. Seine.
Truc, appar. d'éclairage. Paris. Seine.
Vande et Jeanray, mach. à grav. Paris. Seine.
Voght, calorif. à air chaud. Paris. Seine.
Vedder, ébénist. Paris. Seine.

MÉDAILLES DE BRONZE.

MM.
Abry et Vigna, reliure. Paris. Seine.
Acklin (J.-B.), mécaniq. Jacquard. Paris. Seine.
Adam, soies grèg., Moulins-les-Metz. M.
Adler, instruments à vent. Paris. Seine.
Affourtil (Gast.), soies grèges. Vallerangue. Gard.
Agombard et Mathieu, chaux hydraul. Grande-Villette. Seine.
Aimar, poterie commune. Paris. Seine.
Aindas, emploi du bois. Bordeaux. Gir.
Alexandre (Félix), éventails et écrans. Paris. Seine.
Allard et Claye. Savons, etc. Paris. S.
Amand, chef d'atelier à la Monnaie. Paris. Seine.
Amiard, sellerie, bourrellerie. Paris. S.
Anfrie et C., aiguill. et épingl. Paris. S.
Armengaud j[e], dessins de mach. Paris. S.
Armengaud et Oreilly, gravur. Paris. S.
Arnaud, chaux hydr. Grenoble. Isère.
Arnaud, savons, cosmétiq. Bône. Algérie.
Assoc. ouvr. des forges d'Arcachon. Gir.

Atelier de charité, dentelles. Lannion. Côtes-du-Nord.
Aubineau, appar. d'éclairage. Paris. S.
Aubry (Jen.) et Châteauneuf, grosse quincaillerie. Valbenoite. Loire.
Aucher et fils, pianos. Paris. Seine.
Audemar et Brès fils, châles. Nîmes. G.
Avrillon (Ph.), ouvr. orfèvre. Paris. S.
Aycard (Bern.), instruments aratoires. Marseille. Bouches-du-Rhône.
Babeur, ouvrier orfèvre. Paris. Seine.
Bacot, horticulture. Petite-Villette. S.
Bagary, huiles. Tlemcen. Algérie.
Bail, pressoir. Vaise. Rhône.
Baillet, teinture, etc. Strasbourg. B.-R.
Bailly, confitures Château-Renard. Loir.
Bassot (Em.), non expos. Paris. Seine.
Barbarant et Dumoulin, presses typog. Paris. Seine.
Barbazan (J.-Am.), aciers. Uzerche. C.
Barbe. dentelles. Nancy. Meurthe.
Barbier, ébénisterie. Paris. Seine.
Bariquand, pièces détachées. Paris. S.
Barray, culture maraîch. Nanterre. Sein.
Barrochin, outils à l'usage des aveugles. Paris. Seine.
Bartsch, instrum. à vent. Paris. Seine.
Barye, bronzes d'ameublem. Paris. Sein.
Bataille, produits chim. Blangy. S.-Inf.
Batailler, fab. d'engrais. Montargis. L.
Baucheron, arquebuserie. Paris. Seine.
Beau, mécaniq. Jacquard. Paris. Seine,
Beaumont, ouvrier en ivoire. Paris. S.
Beauvais père, anc. ouvrier. La Folie-Nanterre. Seine.
Beauvais fils, ouvrier, acide stéarique. La Folie-Nanterre. Seine.
Bec (de), direct. de la Ferme-Ecole de la Montaurron. Bouches-du-Rhône.
Bechu, moulin à plâtre. Paris. Seine.
Becker, teinture, etc. Paris. Seine.
Bedel, saline. Arzew. Algérie.
Bel-Hadgï (corporation des), chaussures. Oran. Alger.
Bel Hadgj (corporation des), chaussures. Tlemcen. Alger.
Belicart et Chesneau, appareils de séparation. Montmartre. Seine.
Belleville f., fécules, amidon. Nancy. M.
Bellier ouvr. non exp. Armentières. N.
Bencraft, sellerie, bourrellerie. Paris. S.
Beni-Snouss (les femmes des), vannerie. Oran. Afrique.
Bérand (Constance), ouvrier non exposant. Mirecourt. Vosges.
Bergeron, pièces d'horlogerie. Paris. S.
Bergez, arquebuserie. St-Etienne. Loire.
Bernay et Peyrot, bonneter. Orleans. L.
Bernier (Clov.), chaussures. Paris. Seine.
Bernier, appareils d'éclairage. Paris. S.
Bertauts, lithographie. Paris. Seine.
Berthelot, mach. à bonneter. Troyes. A.
Bertrand frères et Villain, tissus. Paris, S.
Bertrand-Géraud, filature de coton. Rouen. Seine-Inférieure.
Berton, constr. de moul., la Chapelle. S.
Bertier, porte-plum., etc. Poissy. S.-et-O.
Beslay (Ch.), chaussons. Paris. Seine.
Bès, fourbisserie. Paris. Seine.
Bettignies (de), porcelain. St-Amand. N.
Beunon, pianos. Paris. Seine.
Bian (Louis), tissus. Reutheim. Haut-R.
Bianchi, instruments de phys. Paris. S.
Bigaillé, colon partiaire au Latay, Perrin de Laigné. Mayenne.
Bigot-Dumaine, bijouterie. Paris. Seine.
Billard, prothèse dentaire. Paris. Seine.
Billion, feutres, etc. Paris. Seine.
Biondetti, bandagiste. Paris. Seine.
Bir, instruments aratoir. Courbevoie. S.
Bisson, châssis à tabatières. Paris. S.
Bisson, filat. de lin. Guisseray. S.-et O-
Bizot, construction de moulins. Godoncourt. Vosges.
Blaise, ouvrier forgeron-carrossier. Paris.
Blin père et fils et Blotjaval. Bischwiller. Bas-Rhin.
Blin, grosse horlogerie. Paris. Seine.
Bloch (Nemis), appareils hydrostatiques. Duttlenheim. Bas-Rhin.
Blondeau-Billet, laines peign. Lille. N.
Blondel, pianos. Paris. Seine.
Blumer, parquets. Strasbourg. Bas-Rh.
Bobière, direct. de la fabr. de M. Cartier. Nantes. Loire-Inf.
Bois et C., fonte malléable. Paris. Seine.
Bollée, cloches. Le Mans. Sarthe.
Bondon, pap. porcelaine. Paris. Seine.
Bonnet, fabr. d'engrais. Arcueil. Seine.
Bonfils de Michel et Souvraz, association de patrons et d'ouvr., châles. Paris. S.
Bocquet, encriers à pompe. Paris. Seine.
Bordes, rouleaux gravés. Rouen. S.-I.
Bossi, mosaïques. Paris. Seine.
Bouchard-Huzard, imprim. Paris. S.
Bouasse Lebel (Ve) et C., images. Paris. S.
Bouhey, machines à couper les peaux de lapin. Paris. Seine.
Bouhon, enrayage de voitures. Paris. S.
Bouhon, appareils d'éclairage. Paris. S.
Boulanger. sellerie. Alger. Afrique.
Boully et Jolly (P.-Flor.), instruments aratoires. Bourbonne-les-Bains. H.-M.
Bourdin, horlogerie. Paris. Seine.
Bouscasse père, instruments aratoires. Puilboreau (Charente-Inférieure).
Boyer, horlogerie. Dôle. Jura.
Boyer aîne et Lacour frères, draperies. Limoges. Haute-Vienne.
Braconn er, bonneterie. Paris. Seine.
Branger (Sébast.), instruments aratoires. Marsais-Ste-Radegonde. Vendée.
Braun (C.), dess. de fab. Mulhouse. H.-R.
Braux-d'Anglure et C., zinc. Paris. S.
Breauté, encadrements, etc. Paris. S.
Brichard aîné, ouvr. menuisier. Paris. S.
Brière, produits chimiques. Paris. S.
Brin-Lalaux, tissus. Homblières. Aisne.
Brisbart, horlogerie. Paris. Seine.
Bris-Calmetz et Mistral, produits colo-

rants, Sidi-Marouf. Oran. Afrique.
Brison fils aîné (Pierre), fontes. La-bouexière, près Rennes. Ille-et-Vil.
Brison fils, fonte et fer. Rennes. I.-et-V.
Brisset fils aîné, presses typog. Paris. S.
Brocot (Ach.), horlogerie. Paris. S.
Broecks, ouvrier orfèvre. Paris. Seine.
Brye (de). aciers. Valbenoite. Loire.
Bruneau et Pellerin, orfévrerie. Paris. S.
Brun, arquebuserie. Paris. Seine.
Brun fr. fils et Denoyelle, tiss. Tarare. R.
Bucher (Mme) tapisseries. Paris. Seine.
Burdalet (A.-A.) fils, Louet et C., cuirs et peaux. Toulouse. Haute-Garonne.
Bureau, bijouterie. Paris. Seine.
Cabanillas (Ve), placage en bois. Alger. Af.
Cagniard, dessins de fabrique. Paris. S.
Cahouet, bougies. Paris. Seine.
Calard (Franç.), cribles métal. Paris. S.
Callaud, construction de moulins. Nantes. Loire-Inférieure.
Camelin, agriculteur. Bône. Algérie.
Candlot, ouates, etc. Paris. Seine.
Canson (Etienne), turbine à Vidalon-lès-Annonay. Ardèche.
Carcenac, draperie. Rhodez. Aveyron.
Cariol-Baron, laine fil. Angers. M.-et-L.
Carliez, cylindres gravés. Rouen. S. I.
Caron, mécan. Jacquard. Montmartre. S.
Carpentier, mannequins. Paris. Seine.
Casse, linge damassé. Lille. Nord.
Caussin et de Vieilhe, tapis. Amiens S.
Cavaillon (de), prod. chimiq. Paris. S.
Cavé (Pierre Nicol.) ouvrier non exposant. Elbeuf. Seine-Inferieure.
Chagot, Perret, Morin et C., briquettes. Châlon sur-Saône.
Chaleyer, machines, outils. Paris. S.
Chaleyer et Grandjean, faux. Firminy. L.
Chambon, imprimerie sur étoffes. Le Chaylard. Ardèche.
Champion aîné, machines à briques. Jonars-Pontchartrain. Seine-et-Oise.
Charbonnier, fermet. domicil. Paris. S.
Charles, niveaux. Paris. Seine.
Charlier, éleveur. Marne.
Chardon je, imp. en taille-douce. Paris. S.
Charmarty, tabacs. Bône. Algérie.
Charnod, bronzes d'art. Paris. Seine.
Chataux, ruches. Paris. Seine.
Chauffriat, grosse quinc. St-Etienne. L.
Chauvel aîné, filature de lin. Lisieux. C.
Chavantre, poterie d'étain. Paris. Seine.
Chavineau, pièces detachées. Paris. S.
Chelifour, ouvrier non expos. Reims. M.
Chemalle aîné, chevilles et coins pour chemins de fer. Tours. Indre et Loire.
Chertier (Mme), directrice de la filature de soie. Champs-Elysees. Paris.
Chesnaie, fermier. St-Samson. C.-du N.
Chevalier (Vict.), appar. culin. Paris. S.
Chevallier et Bourlier, presses hydraul. Paris. Seine.
Chicoineau, cuirs et peaux. Quimperlé. Finistère.
Chirat, laines. Bône, pr. de Constantine.
Chocqueel (Félix), imp. sur étoffes. St-Denis. Seine.
Chuard, instr. de phys. Paris. Seine.
Claudin, arquebuserie. Paris. Seine.
Cleff frères, instr. arat. Paris. Seine.
Clérambault et Leconte, tissus. Alençon. Orne.
Cliton et Coisne, presses typog. Paris. S.
Cloux, instr. de phys. Paris. Seine.
Codaut, orgues. Paris. Seine.
Coellaud, fab. d'engrais. Rennes. I.-et-V.
Coignet (Henri), barèges et nouv. Paris. S
Colas, laboureur à La Bertinerie comm. d'Argent. Cher.
Colas (L.-Al.), fonte et fer. Moutiers-sur-Saulx. Meuse.
Collas et Barbedienne, bronzes. Paris. S.
Collin et C., tissus. Bar-le-Duc. Meuse.
Contenot (Veuve), moulin à plâtre. Paris. Seine.
Coquebert (Veuve), libraire. Paris. S.
Corlieu, poterie d'étain. Paris. Seine.
Cornilleau aîné, toiles de lin. Le Mans. Sarthe.
Cornillon, bijouterie. Paris. Seine.
Cosson, billards. Paris. Seine.
Cotel, emballages. Paris. Seine.
Cotelle, moulage et sculpt. Paris. Seine.
Couronne, mosaïque. Paris. Seine.
Courtois, briques. Paris. Seine.
Courtois Gérard. cult. maraîc. Paris. S.
Couterel (de), cultiv. St-Pierre-les-Jonquières. Seine-Inférieure.
Couturat et Frérot, bonneterie. Troyes. Aube.
Crépelle, planches de cuivre. St. Maur. Seine.
Crété, imprimeur. Corbeil. S.-et-Oise.
Créton, ouv. non expos. Metz. Moselle.
Croisat, ouvrages en chev. Paris. Seine.
Croutsch, filières. Paris. Seine.
Croux, horticulture. Villejuif. Seine.
Cudennec, éleveur. Finistère.
Cugnot, laines en suint. Rambouillet. Seine-et-Oise.
Curasson, fer cuivré. Blanc-Murger. Vosges.
Curmer, clichés. Paris. Seine.
Dagneau. brosses, etc. Paris. Seine.
Damey, mach. à battre. Paris. Seine.
Danloy (Mathieu), bijouterie. Raucourt. Ardennes.
Daran, instr. de chirurg. Paris. Seine.
Darbo, biberons. Paris. Seine.
Dathis, tissus. Roubaix. Nord.
Daubert et Dumarest, ébenist. Lyon. Rhône.
Daude, œillets métalliq. Paris. Seine.
Daupleix, machine à chocolat. Paris. S.
Dauvesse, horticult. Orléans. Loiret.
David (Alexand.), fermier. Nozay L-I.
Deadde, cuirs vernis. Paris. Seine.
Debergue frères et C., tissus. Lisieux. Calvados.

Dechastellux père et fils, toiles imperm. Haguenau. Bas-Rhin.
Deffrennes-Duplouy, tiss. Lannoy. Nord.
Degardin, brunissoirs. Paris. Seine.
Delage-Montignac, ustens. de pêche. Paris. Seine.
Delaire (Pierre), forgeron. Sauxillanges. Puy-de-Dôme.
Delalande et Blanquet, draperie. Elbeuf. Seine-Inférieure.
Delame-Lelièvre fils, tissus de fil. Valenciennes. Nord.
Delaroche aîné, cheminées. Paris. S.
Delaroche jeune, cheminées. Paris. S.
Delaroche-Lambert, anthracite. Labazouge. Mayenne.
Delaruelle-Ledanseur, crayons. Paris. S.
Delassus (Louis), régisseur. Eterpigny. Pas-de-Calais.
Delattre et C., tis. Ramburelles. Somme.
Delavigne, tis. Déville. Seine-Infér.
Delaville-Leroux, laines en suint. Veigné. Indre-et-Loire.
Delbruck, barcelonnettes. Paris. Seine.
Delondre, Barthemot, prod. chimiq. Paris. Seine.
Delurtier, dess. de fab. Passy. Seine.
Demeestère-Delanoy, toiles de lin. Halluin. Nord.
Dequoy (Jules), filat. de lin, etc. Les Moulins près Lille. Nord.
Deratte, ouvr. non exposant. Esquermes. Nord.
Desert-Maréchal, Bouville. Seine-Infér.
Deshayes-Bénard, tis. Rouen. Seine-Infé.
Desjardins-Lieux, cuivre estampé. Paris. Seine.
Desloges, fermier. Aux Usages, commun. de Mauthelan. Indre-et-Loire.
Desplats, mach. à fouler. Elbeuf. S.-Inf.
Desprats, métal repoussé. Paris. Seine.
Devienne, ouvr. orfèvre. Paris. Seine.
Deydier, zinc. Paris. Seine.
Dezaunay, pressoir. Nantes. Loire-Inf.
Didelon, céréales. Bury. Moselle.
Diemer, cultiv. Le Murof. Bas-Rhin.
Digard (J.-Jacq.), serrurerie. Paris. S.
Dobletz, mécanicien. Paris. Seine.
Dombrowski, bronzes pour l'eclairage. Paris. Seine.
Dominjolle, orgues. Paris. Seine.
Donnay, contre-maître forg. Lille. Nord.
Dopter, imagerie. Paris. Seine.
Dordet, coutellerie. Paris. Seine.
Doré, cirage, encre. Paris. Seine.
Dorval, serrurerie. Paris. Seine.
Douine, bonneterie. Troyes. Aube.
Dreyfous (Fréd.), nouveautés. Paris. S.
Drides (Tribu des), tissus. Bône. Const.
Drouin et Brossier, prod. chim. La Briche. Seine.
Dubos (Aug.), horti. Pierrefitte. S.-et-O.
Dubos (Edm.), horti. Pierrefitte. S.-et-O.
Dubs, ouv. non expos. Ste-Marie-aux-Mines. Haut-Rhin.
Dubus, orgues. Paris. Seine.
Dubus (Théoph.), rouleaux aiguiseurs. Louviers. Eure.
Duchamp-Tulasne, régisseur. Meslay. Indre-et-Loire.
Duchaufour-Achez, cordes. Reims. Mar.
Duchêne aîné, chapellerie. Paris. S.
Duchesne-Bettinger (Mme), fleurs artificielles. Nantes. Loire-Inférieure.
Duclos, arquebuserie. Paris. Seine.
Dufailly, moulage, sculpture. Paris. S.
Dufossé, chaussures. Paris. Seine.
Dufour, ouvrier non exposant. Lyon. R.
Dufour, pap. de fantaisie. Paris. Seine.
Dufour et Domalle, plomb. Paris. S.
Dulud, cuirs repoussés, etc. Paris. Seine.
Dumont-Desmoutiers, cuirs et peaux. Douai. Nord.
Dumoulin (Mlle Sophie), corsets. Paris.
Dupluvinage, presse hydrauliq. Paris. S.
Dupont (Aug.), literie elastique. Paris S.
Dupré, prod. chimiq., forges. Seine-Inf.
Dupré (Isidore) veuve et Aubert, éventails et écrans. Paris. Seine.
Durand, plomb. Paris. Seine.
Durand fils (Quent.), instr. arat. Paris. S.
Durel et C., prod chim. Valenciennes. N.
Duret, inventeur du bleu. Paris. Seine.
Durst (Jean). chap. de paille. Paris. S.
Duthy (P. J.-Ph.), glaces, crist. Paris. S.
Duvillier-Delattre, tissus. Turcoing. Nord.
Elké, pianos. Paris Seine.
Entert (d') fr., gélat. colle forte. Ivry. S.
Estienne et Irroy fils, aciers. La Hutte près Darnay. Vosges.
Estivant fils aîné, gel. colle fort. Givet. A.
Estragnat fr. et Roux, tissus. Tarare. Rh.
Fabre, tuiles et briques. Bône. Afrique.
Farge, parapluies. Paris. Seine.
Farret fils, horlogerie. Paris. Seine.
Fastré, instruments de phys. Paris. Sein.
Faucheux (Mme), biberons. Paris. Seine.
Faure (Louis), prod. chim. Vazemmes. N.
Faure, ébénisterie. Paris. Seine.
Fauveau, laines peignées. Brière-le-Châtel. Seine-et-Oise.
Fauvel-Delebarre, peignes. Paris. Seine.
Ferrières et Sabin, instruments aratoires. Pontlieue. Sarthe.
Ferry (Jos.), rigol. et plantoir. Epinal. V.
Fieffé, céréales. Bordeaux. Gironde.
Fieux fils aîné et C., cuirs et peaux. Toulouse. Haute-Garonne.
Firmenich, gelat., colle forte. Metz. M.
Flaud et C., pompes, etc. Paris. Seine.
Florin (Joseph), tissus. Roubaix. Nord.
Fondet, calorifères à air chaud. Châlons-sur-Saône.
Fontenay (le président du comice agricole). Fontenay. Vendée.
Fonteneau, ouvrier non expos. Paris. S.
Foucault, cultivateur. Frocourt. Oise.
Foucher, machine à chaussur. Paris. S.
Foulley, imitation en peinture. Paris. S.
Foulquier et C., filet dentelle. Paris. S.

Foussat fr., nettoy. du riz. Bordeaux. G.
Franche, pianos. Paris. Seine.
Frèche, appar. à peser. Paris. Seine.
Froment-Clolus, sabots-socq. Paris. S.
Gabet et Fraisant, cafetières. Paris. S.
Gail (de), cultivateur. Mulhouse. H.-R.
Gallicher et C., fonte et fer. Digny. C.
Gallois, cloches. Paris. Seine.
Gallaud, céréales. Ruffec. Charente.
Galouzeau de Villepin, plans en relief. Paris. Seine.
Ganneron, scie à receper. Paris. Seine.
Garnaud, terres cuites. Paris. Seine.
Garrau père, pépinier. Semur. C-d'O.
Garnier, fermetures domicil. Paris. S.
Garnier (A.-L.-E.), cuivre et zinc. Paris. S.
Garnot, ouvrages en ivoire. Paris. S.
Gateau, cornets acoustiq. Paris. Seine.
Gauthier, cult. maraich. Paris. Seine.
Gautron, rouets et métiers. Paris. Seine.
Gaymard et Gerault, registres. Paris. S.
Geneste, machines, outils. Paris. Seine.
Genot, céréales. Saint-Ladre. Moselle.
Georges (Jacques), pressoirs. Paris. S.
Georget (Alex.), cuirs et peaux. Paris. S.
Georgi, bronze pour l'éclairage. Paris. S.
Gerardin, essieux. Paris. Seine.
Geresme fils, corsets. Paris. Seine.
Germain, fromage. Censeau. Jura.
Germain fils, bonneterie. Nîmes. Gard.
Gibaut, pianos. Paris. Seine.
Gilbert, ouvrier non expos. Orléans L.
Gilbert, laines peignées. Reims. Marne.
Gilles, tissus. Rouen. Seine-Inférieure.
Gille, décor. de porcelaines. Paris. S.
Gilles, soies grèges. Birmandreïs Afriq.
Giraud-Benoist, cultivateur. Saviguy. R.
Giroud-Argoud, tambour-sécheur. Ville-Urbanne. Isère.
Giroudot fils, presses typographiques. Paris. Seine.
Gocht, ébénisterie. Paris. Seine.
Godart, planches pour la grav. Paris. S.
Godault fils, orgues. Paris. Seine.
Goddet, canonnerie. Paris. Seine.
Goinard, ébénisterie. Paris. Seine.
Gombault, orfévrerie. Paris. Seine.
Gonnard, ouvrier non expos. Lyon. R.
Gonner (Jean), chef de hauts fourneaux. Montluçon. Allier.
Gontard et C., horlogerie. Paris. Seine.
Gose, produits colorants. St-Denys-du-Sig. Oran Afrique.
Gosselin, métaux recouverts. Paris. S.
Gossin frères, ornements pour jardin. Paris. Seine.
Gourdon père, cultiv. Le Marontière. Mayenne.
Gracter, essieux, etc., Forbach. Moselle.
Gratien (L.-Franç.), instruments aratoires. Rieux-Hamel. Oise.
Graux-Marly, bronzes. Paris. Seine.
Greiling, cornets acoustiques. Paris. S.
Grelley, paille à chapeaux. Paris. S.
Grenon, porcelaines. Paris. Seine.
Griffith (William), chef de machine soufflante. Montluçon. Allier.
Grison, appareils d'éclairage. Paris. S.
Grobon et C., tissus de soie. Lyon. Rh.
Grosley fils, machine à battre. Vaugirard. Seine.
Grosselin, plans en relief. Paris. Seine.
Groult et C., tubes en laiton. Paris. S.
Gruel (Ve), reliures. Paris. Seine.
Guenaut, poterie commune. Paris. S.
Guerin (Modeste), horticult. Paris. S.
Guerin, arquebuserie. Paris. Seine.
Guerin (Samuel). Nîmes. Gard.
Guerin (Pierre-René), navigation à vapeur. Le Hâvre. Seine-Inférieure.
Guerlin-Houel, cuirs vernis. Paris. S.
Guillard (Mme), corsets. Paris. Seine.
Guillaume, non exposant, toiles cirées. Paris. Seine.
Guillot-Saguez, héliograph. Paris. S.
Guillou (Cl.), cultiv., Buffière. S.-et-L.
Guillou, substances aliment. Paris. S.
Guirand je, ouvr. non exp. Mazamet. T.
Guy et C., pierres lith. Le Vigan. Gard.
Hadji-Mohamed, broderies. Oran. Afr.
Halot, porcelaines, gare d'Ivry. Seine.
Hamelin (Veuve) et Lefebvre, tissus. St-Blaise-la-Roche. Vosges.
Haranger-Bélier, machine à rouler les étoffes. Paris. Seine.
Harectas (tribu des). Bone. Constantine.
Hasslauer, pipes. Givet. Ardennes.
Havard-Loyer, garde robes. Paris. S.
Hayem je, crayons. Paris. Seine.
Henault, cadres moulures. Paris. Seine.
Henry (J. C.), instrum. à cord. Paris. S.
Herce et Mainé, pianos. Paris. Seine.
Hergot, dir. d'atelier de moulage. Niederbronn. Bas-Rhin.
Herme (Aug.), soies grèges. Crest. Dr.
Hermet, sellerie, bourrellerie. Petite-Villette. Seine.
Hery, marbres travaillés. Paris. Seine.
Hilaire (Nicolas), ouvrier non exposant. Saint-Remy. Eure-et-Loir.
Holingue fils, mouvements de pendules. Saint-Nicolas-d'Aliermon. Seine-Inf.
Homme (D'), produits chimiques. Grenelle. Seine.
Houel (Brice-Marcel), drap. Louviers. E.
Hudde, grosse horlogerie. Villiers-le-Bel. Seine-et-Oise.
Huet (Abrah.), tis. élast. Rouen. S.-I.
Huguelin, calorifères à air chaud. Strasbourg. Bas-Rhin.
Huguet (Gaston). châles. Nîmes. Gard.
Huicques (D'), fromages. Maynelines-Betz. Oise.
Ibled, substances alimentaires. Paris. S.
Idril et Marion, dentelles méc. Lyon. R.
Jacquemart fr., arquebus. Charleville. A.
Jacquesson fils, appareils d'éclairage. Châlons-sur-Marne. Marne.
Jacquet-Robillard, instruments aratoires. Arras. Pas-de-Calais.

Jacquinot, hauts fourn. Droiteval. Vosg.
Jamain (Hippolyte), horticult. Paris. S.
Jaminet, appar. de filtrage. Paris. Seine.
Jaudin, étain en feuilles. Paris. Seine.
Jaulin, orgues. Paris. Seine.
Joanne, appar. d'éclairage. Paris. S.
Joliot (Ach.), outils. Paris. Seine.
Jorazy, ouvrier non exp. Brotteaux. R.
Jonquier, laines. Oran. Afrique.
Jordan, tabacs. Avolf. Bas-Rhin.
Josset (Louis), maroquins, etc. Leage-Enencourt. Oise.
Jouhaneaud et Dubois, porcelaines. Limoges. Haute-Vienne.
Journet (Pascal) et C., papeterie. Brouss. Aude.
Joyeux et Laune, bonneterie. Nîmes. G.
Joyeux (Emile), bonneterie. Nîmes. G.
Julien (Dlle), dentelles. le Puy. Haute-L.
Jumeau, poupées. Paris. Seine.
Kaeppelin, pressoir. Colmar. Haut-Rhin.
Kaulek, planches en fer. Paris. Seine.
Klein, ouvrier non expos. Metz. M.
Klemm, machines, outils. Belleville. S.
Klotz, casquettes. Paris. Seine.
Knab et C., conserv. des bois. Paris. S.
Knussmann et Georgi, appar. chirurg. Paris. Seine.
Kons, toiles métalliques. Paris. Seine.
Krieger, ébénisterie. Paris. Seine.
Kruines, instruments de phys. Paris. S.
Kubitschek, incrustat. d'ivoire. Paris. S.
Labbé (Louis-Alp.), passement. Paris. S.
Lacombe, fonte et fer. Périgueux. Dord.
Lacroix-Lassez, tissus imperm. Paris. S.
Laffay, horticulture. Bellevue. S.-et-O.
Lagoutte, fonte et fer. La Villette. Seine.
Lainé, cartonnages. Paris. Seine.
Laisné, appar. de gymnastique. Paris. S.
Laissement, pl. de zinc et d'étain. Paris. S.
Lajoie, dorure sur bois. Paris. Seine.
Lalizel, tissus. Malaunay. Seine-Infér.
Lambert, plaqué. Paris. Seine.
Lancelevée (Clément), ouvrier non exposant. Rouen. Seine-Inférieure.
Lanne (Etienne), coutellerie. Paris. S.
Lardière, bonneter. Crocy-sur-Dives. C.
Larenaudière, cirage-encre. Paris. Seine.
Larivière, régulateur de machines à vapeur. Paris. Seine.
Laserve et Royer, bijouterie. Paris. S.
Latache, lain. en suint. Val Bruant. H.-M.
Latelsin et Payen, bijouterie. Paris. S.
Laugelot, calorif. à air chaud. Paris. S.
Laugier, tabacs. Bab-el-Oued. Alger. Af.
Laumain, horlogerie de précis. Paris. S.
Laumeau, instr. arat. Versailles. S.-et-O.
Laurençot brosserie. Paris. Seine.
Laurent, régul. à métier. Belfort. H.-R.
Laurent, fr. et sœurs, tis. Tourcoing. N.
Laurent-Gsell et C., vitr. peints. Paris. S.
Lavaux, outils à l'us. des aveug. Paris. S.
Lebâtard, ustensiles de pêche. Paris. S.
Leblanc, ouvrier non expos. Paris. S.
Leblanc, déf eutreur réunis. Paris. S
Leborgne et C., toiles de lin, etc. La Ferté-Bernard. Sarthe.
Leborgne et Dutour, chapeaux de paille. Grenoble. Isère.
Lebrun (Alex.), instr. de phys. Paris. S.
Lebrun (J.-Bapt.), inst. de phys. Paris. S.
Lecerf, dentelles. Paris. Seine.
Leclerc, ouvrier non expos. Rouen. S-I.
Leclerc, pompes, etc. Paris. Seine.
Lecomte, instruments de phys. Paris. S.
Lecoq, Genilliers et Planaix, poteries. Clermont-Ferrand. Puy-de-Dôme.
Lecoq-Préville, ganterie. Paris. Seine.
Lecorneck, cultiv. Plouerhan. C.-du-N.
Lefebvre, linge frotteur. Paris. Seine.
Lefebvre, anatomie plast. Paris. Seine.
Lefèvre, pièces détach. d'horl. Paris. S.
Lefort, mach. à fabr. le laiton. Raucourt. Ardennes.
Lefour (Louis), maroquins, etc. Orléans. Loiret.
Legendre, laines en suint. Bazoche-lès-Gallerande. Loiret.
Legrand, savons cosmétiq. Petite-Villette. Seine.
Legray, héliographie. Paris. Seine.
Lemaire (Max), instr. arat. Essuilles-St-Rimault. Oise.
Lemaux, orthopéd. Batignolles. Seine.
Lemesle, boutons. Paris. Seine.
Lendolph, ébénisterie. Paris. Seine.
Leparquois, draperies. St-Lô. Manche.
Lepelletier-Damas, tissus. Paris. Seine.
Leperdriel, clysoirs. Paris. Seine.
Leroy-Domin, cultiv. Château-Bas, commune d'Angny. Moselle.
Leroy (Eugène), ouv. orf. Paris. Seine.
Leroy-Soyer (veuve), glaces, crist. Masnières. Nord.
Lesage, outils. Belleville. Seine.
Lesaoût, éleveur. Grand-Moguereau. Finistère.
Leseure, dentelles. Paris. Seine.
Letour-Delisle, cuve de vendange. Angers. Maine-et-Loire.
Letourneau, boutons. Paris. Seine.
Levacher, cultiv. Orléans. Loiret.
Levesque père et fils, pompes. Paris. S.
Leviaux, ouvrier doreur et argenteur. Paris. Seine.
Lewille, grosse quincaillerie. Valenciennes. Nord.
Liézard et Isabelle, fécules, amidons. Sannerville. Calvados.
Limonaire, pianos. Paris. Seine.
Loddé, plumeaux. Paris. Seine.
Lods, trains de voit. Besançon. Doubs.
Lofredo, corail. Bône. Afrique.
Loiseau, instr. de physiq. Paris. Seine.
Lorentz, conservat. du houblon. Nancy. Meurthe.
Lubienski, dessins de fabr. Batignolles. Seine.
Luddemann, horticulture, à la Celle-St-Cloud. Seine-et-Oise.

Lussigny frères, batistes. Paris. Seine.
Lusson, vitraux peints. Ste-Croix. Sarth.
Lutz, mach. à canneler. Paris. Seine.
Machet-Marotte, tissus. Reims. Marne.
Maclouf-Kalfoun, tabacs. Oran. Afriq.
Madec. éleveur. Finistère.
Magnier Clerc et Margeridon, pap. peint. Paris. Seine.
Maillart et Sculfort, grosse quincaillerie. Maubeuge. Nord.
Mailles-Bernard, coutellerie. Paris. S.
Malinaud, mach. à chocolat. Lyon. Rhô.
Mallard et C., étoffes pour meubles. Paris. Seine.
Mallat, plumes en rubis. Paris. Seine.
Mallet et Lepelletier, prod. chimiq. Le Mans. Sarthe.
Mansson Michelson, instr. arat. Paris. S.
Mantelier et C., châles. Lyon. Rhône.
Mantois (Mme), anat. plast. Paris. Seine.
Marcaille et fils aine, cuivre pour bâtiment. Paris. Seine.
Marchal, billards. Paris. Seine.
Marchand, bronzes. Paris. Seine.
Mareschal (Veuve), soies greges. Mustapha-Superior Alger.
Mareschal, hachoir pour charcutier. Paris. Seine.
Mariatte et Jacquemot, brosserie. Metz. Moselle.
Marmuse. coutellerie. Paris. Seine.
Marnas, teinture, etc. La Guillotiere. Rhône.
Marquis, cult. de la réglisse. Bourgueil. Indre-et-Loire.
Martin de la Croix, toiles cirées. Paris. Seine.
Martin (Ovide) et Viry frères, fer et fontes. Paris. Seine.
Martinet fréres, lissage accéléré. Paris.S.
Massemin (Ch. L), cuirs et peaux. Paris. Seine.
Masson (Jean), bijouterie. Paris. Seine.
Massue, peignes. Paris. Seine.
Mathieu, pièces d'horlog. Paris. Seine.
Mathieu, lithotritie. Paris. Seine.
Maucotel, instr. à cordes. Paris. Seine.
Maucomble, héliographie. Paris. Seine.
Maupetit, céréales. La Teste. Gironde.
Maurel, cloches. Marseille. B.-du-R.
Mayer aîné, savons cosmétiq. Neuilly. Seine.
Mayer frères, héliographie. Paris. S.
Maygre, tissus de soie. St-Etienne. Loire.
Meraux, dessins de fabriq. Paris. Seine.
Mercier, ébénisterie, etc. Paris. Seine.
Mercier et C., passementer. Firminy. Loire.
Mercier (C.), toiles pour peint. Paris. Seine.
Meurant frères, presses et crics. Charleville. Ardennes.
Meyer-Merian, rub. de soie. Soultz. Haut-Rhin.
Michaut frères, papeterie. Laval. Vosg.
Mignard-Billinge, enrayage de voitures. Belleville. Seine.
Milon Marquant, laines peignées. Reims. Marne.
Mittelette, mach. à battre. Soissons. Ais.
Mohamed-Salah, tissus, oued. Ourtilon-Beni-Abès. Constantine.
Mollard, mach. à battre. Lunéville. Meurthe.
Molinier-St-Clair, access. de mach. à vap. Paris. Seine.
Mouniot, pianos. Paris. Seine.
Monnoyeur et Moras, tissus de soie. Lyon. Rhône.
Monpied aîné, prote d'impr. Penaud. Paris. Seine.
Montagnac jeune, orfévrerie. Paris. S.
Montagne, tissus. Roubaix. Nord.
Montfort (Jean-Pierre), vernis. Paris. S.
Montillier, pressoir. Paris. Seine.
Moreau, huiles minérales Paris. Seine.
Morée, cultiv. Rosnoen. Finistère.
Morillon, instrum. arat. Gençay. Vien.
Morin. soies grèges. Elbiar. Alger.
Morison et C., fer et fontes. Guines. Pas-de-Calais.
Mortier et Courtois, chaux hydrauliq. Issy. Seine.
Moreau, serrurerie. Paris. Seine.
Mougin frères, glaces, crist. Portieux. Vosges.
Mourgue et Bousquet, soies grèges. St-Hippolyte-du-Fort. Gard.
Moussard, soufflets de forges. Paris. S.
Moyse, boyaux et sceaux. Paris. Seine.
Mussard, pianos. Paris. Seine.
Mustapha-Ben-Kerim, couscoussous. Bône. Afrique.
Mutrel, appar. d'éclairag. Paris. Seine.
Muzard (Louis), condit. des soies. Paris.S.
Neraudau, registres. Paris. Seine.
Niviller (Ch.). Paris. Seine.
Noaillon, cult. maraichère. A la pointe d'Ivry, près Paris. Seine.
Normandin, ouvr. en chev. Paris. Seine.
Nuty (Louis), bitum. et asphalte. Paris. Seine.
OEschger, Rauch et C., planches en cuiv. rouge. Biache-St-Waast. Pas-de-Calais.
Olivier, cultivat. Brevenec. Côtes-du-N.
Ory (Veuve), et Lefèvre, pièces de filat. Paris. Seine.
Osmont aîné, ouvr. en meubles, carton laqué. Paris. Seine.
Ouarnier, corderie. Compiègne. Oise.
Outremont (D'), laines en suint. Tours. Indre-et-Loire.
Ouvrard, fermier. Lajonchère. Indre-et-Loire.
Ozouf, appareil à eaux gazeuses. Paris.S.
Pagezy-Vassas et C., mach. a nettoyer la laine. Montpellier. Hérault.
Pagny, dentelles. Bayeux, Calvados.
Paisant fils, fécules, amid., etc. Pont-Labbé. Finistère.

Papeil. tours. Paris. Seine.
Parent et Donnay, gelat. colle-f. Givet. Ardennes.
Parguez, dessins de fabr. Paris. Seine
Parizot. appareil d'éclair. Paris. Seine.
Parmentier, instr. arat. Paris. Seine.
Parnuit (Veuve) Dautresme fils et C., draperies. Elbeuf. Seine-Infér.
Patret, fer et fonte. Varigney. Haute-S.
Pauilhac, mach. à tondre. Montauban. Tarn-et-Garonne.
Paul et Cardailhac. papeter. Toulouse. Haute-Gar.
Paul aîné, impres. sur étoffes. Valence. Drôme.
Payre, mach. p. fil. et cordage. St-Etienne. Loire.
Peillon fils et C., châles. Lyon. Rhône.
Pelletier, mach. à chocolat. Paris. Seine.
Pelissier, agricult. Drariah (Algérie).
Penot et C., chaussures. Paris. Seine.
Pepin-Veillard, couvert. de laine. Orléans. Loiret.
Perre et C., grosse quincaill. St-Olle. Nord.
Perrin frères et Comp., draps. Nancy. Meurthe.
Perroncel, tissus imperm. Paris. Seine..
Perusset, horlog. de préc. Paris. Seine.
Petithomme, suspens. de cloches. Laval. Mayenne.
Petrement, calibres. Paris. Seine.
Petyt (L.), ouvr. non-expos. Essonne. Seine-et-Oise.
Peudenier, fermet. domiciliaires. Paris. Seine.
Picault, coutelier. Paris. Seine.
Picot et Luquet, bijout. Paris. Seine.
Pichot, limes. Paris. Seine.
Pieron, bronzes. Paris. Seine.
Pillard-Damilleville, laines en suint. St-Paterne. Indre-et-Loire.
Pinel, mach. à canneler. Sotteville-les-Rouen. Seine-infér.
Pitoux, gélat., colle-f. Paris. Seine.
Plagniol, instr. de phys. Paris. Seine.
Ploesquellec (de), éleveur. Finistère.
Plomdeur, arqueb. Montmartre. Seine.
Poirrier (Eug.), étoffes p. meubles. Paris. Seine..
Poisson, peignes. Paris. Seine:
Poly-Labbesse, instr. arat. Ferrières. Oise.
Pommier, vernis. Paris. Seine.
Pons (Pierre), mach. à battre. Paris. Seine.
Popinot-Rabier, souffl. de forg. Rennes. Ille-et-Vilaine.
Portal de Moux, agric. Conques. Aude.
Pottecher, couverts en fer. Bussang. Vosges.
Poulet, plomb. Paris. Seine.
Poumeau fr., draperie. Limoges. Haute-Vienne.
Pourcherol cousins, châles. Nîmes. Gard.
Poussielgue-Rusand, bronzes, Paris. S.
Pretot, ébénist. Paris. Seine.
Prevost, voiture mécanique. Lisieux. Calvados.
Primois, éleveur. Caen. Calvados.
Profilet, mosaïque Paris. Seine.
Prom, laines en suint. Bordeaux. Gir.
Proutat, Michot et Thomeret, limes. Arnay le-Duc. Côte-d'Or.
Provost (Mme), dentelles. Paris. Seine.
Prudhomme, mach. à Bonneterie. Paris. Seine.
Pruvost (Augustin), serrurier-charron. Wazemmes. Nord.
Quesnel fils et C., bronzes d'art. Paris. Seine.
Quillet aîné dit Noël, bronzes. Paris. S.
Rabeau, zinc. Paris. Seine.
Rabiot, orthopéd. Paris. Seine.
Rabourdin, instr. aratoir. Villacoublay. Seine-et-Oise.
Raby, horlog. Paris. Seine.
Rageot (Jér.), chaussures. Paris. Seine.
Ragueneau, presses typog. Paris. Seine.
Raincourt (Mme de), appar. culinaires. Fallon. Haute-Saône.
Rastouin, essieux, etc. Blois. Loir-et-Cher.
Raviez, ouvr. non expos. Paris. Seine.
Rebour, serrurerie. Paris. Seine.
Redelix, fleurs artific. Paris Seine.
Redier (Jos.-Ant.), horlog. de précision. Paris. Seine.
Regniaud, moules en cuivre. Paris. Sein.
Regnier, arquebuserie. Paris. Seine.
Regny (Léon) et C., chaux hydr. Marseille. Bouches-du Rhône.
Reliquet aîné, soies grèges. Machecoul. Loire-Infér.
Remond, imp. en taille-douce. Paris. Seine.
Renauld, bronzes. Paris. Seine.
Renodier, Ballefin et C., aciers. Valbenoite. Loire.
Reverchon, agric. Birkadem. Afrique.
Rey, tabacs. Alger. Afrique.
Reydor fr. et Collin, horl. Paris. Seine.
Riby et C., meules. Angers. Maine-et-Loire.
Ricca et Badin, agric. Arcol. Oran.
Richer-Levesque, toiles de lin. Alençon. Orne.
Rime et Renard. couv. de laine. Orléans. Loiret.
Rimlin fr., ébénist. Paris. Seine,
Rinaldi, pianos. Paris. Seine.
Riottot, pap. peints. Paris. Seine.
Risler, mach. à filer. H.-Rhin.
Risler (M.) fils et C., tissus. Cernay. Haut-Rhin.
Rivaud (Gust.), direct. de la ferme-école du Petit-Rochefort. Charente
Robert, anatomie plastique. Strasbourg. Bas-Rhin.
Robert-Faure, dentelles. Paris. Seine.

Robert (Alex.), lingots cuiv. et étain. La Villette. Seine.
Robin et C., cond. d'eau, etc. Paris. S.
Robinet, caractères d'impr. Vaugirard. Seine.
Rocher, couv. de laine. Paris. Seine.
Rogé, prod. chimiq. Paris. Seine
Roland, marbres travaillés. Paris. Seine.
Rolland père et fils, prod. chim. Toulouse. Haute-Garonne.
Romoli et Molino, marbres. Paris. S.
Roque (J.-B.), papet. Paris. S.
Rosse aîné, horlog. Paris. S.
Rosselet, revivification des dorures. Paris. Seine.
Roth. instrum. à vent. Strasbourg. Bas-Rhin.
Rouget de Lisle et Lempereur, machine pour chapeaux. Paris. Seine.
Rouquette, ganterie. Paris. Seine.
Rousselot, mach. à bonnets. Paris. S.
Rousseville, orfévr. Paris. Seine.
Roux fr. et Cabri, soies grèges. St.-André-de-Valborgne. Gard.
Ruaud, porcelaines, Limoges. Haute-Vienne.
Rumigny (de) et C., anthracite. La Baconnière. Mayenne.
Russier-Brewer et Trousset, toiles mét. Paris. Seine.
Saint-Charles et C., buanderie. Paris. S.
St-Ubery, bois indig. Tarbes. Hautes-Pyrénées.
Sajou, dessins p. tapis.. Paris. Seine
Sallier, mécan. à faire les cannett. Lyon. Rhône.
Salmon, faïence fine. St-Ouen. Seine.
Sandoz, sangsues artificielles. Paris. Sein.
Sandoz et. C., impr. sur étoffes. Lyon. Rhône.
Sanis, plans en rel. Paris. Seine.
Sarrau et Dufour, instr. arat. Sauves. Gard.
Saunier, caractères d'impr. Montrouge. Seine.
Saunier, brosses-pinceaux. Paris. Seine.
Sauria (Charles), miel. St-Lothain. Jura.
Sauvage et C., tissus élastiques. Rouen. Seine-Infér.
Savaresse, instrum. à cordes. Grenelle. Seine.
Savary, stores. Paris. Seine.
Savoure, bonneter. Paris. Seine.
Schindler, or faux en feuill. Kœnigshoffen. Bas-Rhin.
Schlumberger et C., étoffes p. meubles. Mulhouse. Haut-Rhin.
Schmantz, lithograp. Paris. Seine.
Schmerber (Ed.), serrurer. Rougemont. Haut-Rhin.
Schmerber, mach., out. Mulhouse. Ht-Rhin.
Schmidt, ouvr. corroy. Sierck. Moselle.
Schnell dit Tobias, aciers. Valbenoite. Loire.
Scholtus, pianos. Paris. Seine.
Schultz, pianos. Marseille. Bouches-du-Rhône.
Screpel (César), tissus. Roubaix Nord.
Sens-Caszalot, tapisserie. Paris. Seine.
Sergent, orgues. Paris. Seine.
Serres-Mirial et C., zinc. La Grand'-Combe. Gard.
Sestier (Fabien), passementerie. Paris. Seine.
Sevégnier, châles. Nîmes. Gard.
Si Abès Ben Barkat, sellerie. Constant. Afrique.
Si Amar Smiz (La femme de), tissus. Constantine. Afr.
Si di Mohamed Ben Aïcha. Tabacs. Bone. Afrique.
Si El Bey Ben Bou Ras, broder. Constantine. Afrique.
Signoret-Rochas, drap. Vienne. Isère.
Si Hadji Chalaby, instrum. arat. Bone. Afrique.
Si Hamou Ben Oualaf, tissus. Tribu de Zamoura. Constantine.
Silvant, app. d'écl. Paris. Seine.
Simier neveu, reliure. Paris. Seine.
Simon (Pierre), instr. à cordes. Paris. S.
Simon, pierres lithographiques. Mondardier, près le Vigan Gard.
Siredey et Billebault, ouates, etc. Paris. Seine.
Société des forges et usines. Axat. Aude.
Soisson, serrurier. Paris. Seine.
Solet, céréales. Le Pin. Orne.
Sollier, ouvr. émaux. Paris. Seine.
Sormani, tabletter. Paris. Seine
Sorré-Delisle, tapisser. Paris. Seine.
Souplet, prothèse dentaire. Troyes. Aube.
Souty, dorures sur bois. Paris. Seine.
Soyer, cultivat. La Bertinerie, c. d'Argent. Cher.
Steinhiel-Dieterling et C., tiss. Rothau. Vosges.
Stolz père, pompes, etc. Paris. Seine.
Tachet, instr. de préc. Paris. Seine.
Taillefer, grille mob. fumiv. Batignolles. Seine.
Talbot fr., instr. arat. Menetou-Salon. Cher.
Tampier, corder. Paris. Seine.
Tangre (Coust.), toiles métall. Paris Seine.
Tapis (Franç.), contrem. marbrier. Bagnères-de-Bigorre. Hautes-Pyrénées.
Tardieu de Virette (Ant.), cult. Arles. Bouch.-du-Rhône.
Tavernier (Al.), maroq., etc. Argentan. Orne.
Texier, sculpture en carton-pierre. Montmartre. Seine.
Theis, cot. et laine. Bône Afrique.
Théroude, jouets. Paris. Seine.
Thévenet, Raffin et Roux, tissus de soie. Lyon. Rhône.

Thibaud, vitraux peints. Paris et Clermont-Ferrand Puy-de-Dôme.
Thiboust, bonneterie. St-Germain-en-Laye. S.-et-O.
Thier, appar. à peser.. Paris. Seine.
Thierry, sommiers élast. Paris. Seine.
Thiollier, draperie. Vienne. Isère.
Tholin, cadres et bord. Paris. Seine.
Thomas, meubles en métaux Paris. S.
Thorel, ouvr. non exposant. Abbeville. Somme.
Tilliard, éleveur. Eure.
Tinet, porcelaine. Paris. Seine.
Tirouflet et Daveaux, coutils. Laval. Mayenne.
Thier-Goyon, coutelier, Thiers. Puy-de-Dôme.
Tollay. clysoirs. Paris. Seine.
Tordeux et C., limes. La Fère. Aisne.
Tourneur, zinc. Paris. Seine.
Tracol (H.), maroq. Annonay. Ardèche.
Triébert, instr. à vent. Paris. Seine.
Turlure, horticulture. Versailles. Seine-et-Oise.
Turpin, chocolat. Paris. Seine.
Tussaud, mach., outils. Paris. Seine.
Ulmann, vitraux peints. Paris. Seine.
Urner jeune, tissus. Ste-Marie-aux-Mines. Ht-Rhin.
Vaillat, héliograph. Paris. Seine.
Valarino fils, chocolat. Perpignan. Pyrénées-Orientales.
Val de Lièvre, fils de lin. Saint-Pierre-les-Calais. Pas-de-Calais.
Vallette, appar. à peser. Paris. Seine.
Vallée, instr. arat. Paris. Seine.
Vallée et C., savons cosmét. La Villette. Seine.
Vallet, serrur. Paris. Seine.
Vallet, horlog. Paris. Seine.
Vandendorpel fils, pap. de fant. Paris. Seine.
Van-Lempœl, de Colnet et C., glaces, cristaux. Quiquengrogne. Aisne.
Varelle, marbres. Servance. Hte-Saône.
Varlet, mach. à tisser. Inchy. Nord.
Vasselle, pompes. Paris. Seine.
Vayson (J.-A.), tapis. Abbeville Somme.
Vauthier, bijoutier. Paris. Seine.
Vedy, instr. de phys. Paris. Seine.
Veny (Mme), fleurs artificielles. Paris. Seine.
Verdier (Vict.), hortic. Ivry. Seine.
Verstaen, serrur. Paris. Seine.
Veyron, appar. d'écl. Paris. Seine.
Veyrun Dumor (Veuve), impress. sur étoffes. Nîmes. Gard.
Viallet, chaux hydraul. Paris. Seine.
Vicendon fils, chapellerie. Bordeaux. Gironde.
Villard et Couturier fils, mécan. Jacquard. Lyon. Rhône.
Vincent aîné, tabletterie. Paris. Seine.
Vion, décoration de porcelaines et cristaux. Paris. Seine.
Vivien, cultivateur au Quartier de Charence-Gap. Hautes-Alpes.
Waidèle (veuve), caross. Paris. Seine.
Warren-Thompson, héliograph. Paris. Seine.
Wattier et Crombet, linge damassé. Moulins-les-Lille. Nord.
Wigen père (H.), pianos. Paris. Seine.
Willaumez, subst. aliment. Luneville. Meurthe.
Winterfinger, conduct. de mécan. (imprim. Claye et C.). Paris. Seine.
Wiese, ouvr. orfévr. Paris. Seine.
Wolf, ouvr. en ivoire. Paris. Seine.
Wursthorn et C., limes. Paris. Seine.
Zerega, caross. Paris Seine.
Zetter-Tessier, tissus. Ste-Marie-aux-Mines. Haut-Rhin.
Ziegler, pianos. Paris. Seine.

NOUVELLES MENTIONS HONORABLES.

MM.
Blève, cuivre estampé et verni. Paris.
Chérot, toiles p. peintres. Paris.
Decourt, bronze p. l'écl. Paris.
Giroud fr., couvert. de laine. Sérézin. Isère.
Gœbel et Martin, tabletterie. Paris.
Lelontre, serrur. Paris.
Lemoitre, serrur. Paris.
Mora, cuivre estampé et verni. Paris.
Pigache, rouleaux gravés. Puteaux Seine.
Puzin (Pierre-Louis), passementerie. Paris.

RAPPELS DE MENTIONS HONORABLES.

MM.
Barrande (J.-B.), cuirs et peaux. Paris.
Bélorgé (P.-A.), passement. Paris.
Bergaire aîné, quincaill. Darney. Vosges.
Bernard, inst. d'opt. Paris.
Boudier, cirage et encre. Paris.

Brioude Sans-Refus, tissus imperméab. Paris.
Camichel, raffinage de sucre. Ste-Claire-de-la-Tour-du-Pin. Isère.
Chemelat, coutell. Paris.
Chevalier (Victor), instr. d'opt. Paris.
Cocu (Alex.), étoffes p. gilets. Paris.
Corniquel (Ch.-Mar.), cuirs et peaux. Vannes.
Delacroix, couteller. Paris.
Delaunay et Leroy, bougies. Nantes.
Dubus, tissus de soie et verre filé. Paris.
Durel, cirage et encre. Paris.
Durosier, prod. chim. Paris.
Fontana (Mlle), brosses. Paris.
Fromont, cirage, encre. Paris.
Giroux, instr. d'opt. Paris.
Grosse, instr. d'opt. Paris.
Grossmann et Wagner, tissus imperm. Paris.
Guillier, prod. chim. Paris.
Julien, prod. chim. Paris.
Leroy, instr. d'opt. Paris.
Liénard et Lautillon, bougies. Lyon. Rhône.
Lotz fils aîné, mesures diverses. Nantes. Loire-Infér.
Modot, tissus imperm. Paris.
Parod, outils. Prés-St-Gerv. Seine.
Prével, couleurs. Paris.
Rouillard, boisseller. Belleville, Seine.
Rouvet, instr. graph. Paris.
Tesson, huile de pied de bœuf et colle forte Bercy. Seine.
Thibault fr., bougies. Nantes.
Thibaut, cire à cacheter. Paris.
Trouvé, sculp. en carton-pierre. Paris. Seine.
Wernet fils, bougies. Paris.
Wittmann, prod. chim. Paris.

MENTIONS HONORABLES.

MM.
Accary, couvertures de coton. Montluel. Ain.
Ackermann et Marx, tabatières en carton. Sarreguemines. Moselle.
Adam. agriculteur, Plabennec. Finist.
Alexandre, sangsues artific. Paris,
Alix, fab. de bronze. Paris.
Allain-Tarbouriech, assoc. d'ouv. chapeliers. Paris.
Allais, tissus de coton couleur. Rouen. Seine Infér.
Allard, ébénisterie et placage. Paris.
Allier (Vict.-Thom.), sellier. Paris.
Allix, bustes en circ. Paris.
Amar-Ben-Barcha, tabacs. Doken-Zardezi.
Amouroux (Jules), modèles et dessins. Paris.
Andraud, chem. de fer à air comprim. Paris.
Andrieux, héliographie et plaques. Paris.
Andrillat et Muret, fab. de cuirs. Paris.
Anné, horticulteur. Passy. Seine.
Anner, imprimeur. Brest. Finistère.
Ardon (Comp. des forges d'), Oullins. Rhône.
Armitage et Gastellier, creusets. Paris.
Arnoux, prod. chim. Belleville. Seine.
Arrault, sacs d'ambulance. Paris.
Aubergier, agricult. Clermont. P.-de-D.
Aubeux (Louis-Ch.), étoffes pour gilets. Paris.
Aubin, ustensiles de chasse. Paris.
Aubin, quincaillier. Paris.
Aude (Clém.), laminoirs et dents de peigne. Paris.
Audot, orfèvrerie. Paris.
Audumares, bonneterie. Sauve. Gard.
Aufray, ardoises. Renaze. Mayenne.
Augier jeune et C., corsets. Lyon. Rhô.
Autran, cocons et soies grèges. Montélimart. Drôme.
Aversceng et C., crin végétal. Alger. Manufacture à Toulouse.
Avisseau, poteries communes. Tours. Indre-et Loire.
Babonneau et C., fab. de bitume. Paris.
Bacqueville, fab. de corsets. Paris.
Badin (Mme), vannerie. Paris.
Bailiant, fab. de peignes. Paris.
Baillet (Jean-Bapt.), fab. d'inst. arat. Foulloy. Somme.
Banc, calorifères à air chaud. Paris.
Baranger frères, couvertures de laine. Château-Renard. Loiret.
Barbier-Travaillot, ouvrages en ivoire. Beaumont-sur-Oise. S.-et-O.
Bardonnet des Martels, d. de la ferme-école de Monbernaume. Loiret.
Barker, fabr. de calorifères à air chaud. Paris.
Barthélemy, fab. de ressorts de voitures. Paris.
Barthélemy, tissus imperméables. St-Ouen. Seine.
Barthélemy, feutres et flotres. Metz.
Bartholomon, éleveur. Paris.
Bassano et C., subst. minér. Bône. Constantine.
Bastien, fab. de voitures. Paris.
Bathier, fab. de sabots. La Souterraine. Creuse.
Bazert, fab. de brosses. St-Sulpice-la-Pointe. Tarn.
Bazire, huile de ricin. Alger.
Baudouin, zingueur. Paris.
Baudry fils, ébéniste. Passy. Seine.
Bavoux, appareils d'éclairage. Paris.
Béart, agriculteur. Ferrières. Ariége.

Beaudoin, fab. des avons. Graville. S.-I.
Beaulieu, fab. de toiles. Fougères. I.et-V.
Béguin, fabricant de cartonnages. Paris.
Benouville (Mme). cocons et soies grèges. Barigan, comm. d'Igny (H.-Saône).
Béranger frères, fab. de limes. Orléans.
Berge, directeur de la ferme école de Belley. Aube
Bernard, fab. de machines. Rouen.
Bernardin, horloger. Paris.
Berthiot, fab. d'instrum. d'optiq. Paris.
Bertonnet, arquebusier. Paris.
Bertou, papeterie de luxe. Paris.
Bertrand, fabrique de robinets. Paris.
Bertrand (Emile), non exposant. Paris.
Bezaut, machines à vapeur. Paris.
Bibas, articles de St-Quentin. Paris.
Biber, clysoirs. Paris.
Bicheron, baleines. Paris.
Bichet (Simon), anc. agricult. Besançon.
Bied, appareils d'éclairage. Paris.
Bied et C., zingueur. Lapoipe. (Isère).
Birckel, fabrique de cheminées. Paris.
Bisson fr., héliographie sur plaq. Paris.
Blanc, agriculteur. Montoulieu. Ariége.
Blanck, marqueterie. Paris.
Bliatin, enrayage de voitures. Paris.
Bleton, ouvrages en ivoire. Paris.
Blottière, non exposant. Rouen.
Blouet, boisselier. Paris.
Bocquet, non exposant. Elbeuf.
Bohin (Benjamin), fabr. de tabatières en carton. Laigle. Orne.
Boinot, laines pe gn. et filées. Bordeaux.
Boissimont (de) et C., briques réfractaires. Langeais. Indre-et-Loire.
Bondoux, horticulteur. Paris.
Bonhomme, toiles pour peintres. Paris.
Bonifas (Jean-Pierre), fab. de pianos. Montpellier.
Bonjean. appareils à rempl. les bagues. Reims.
Bonnet, fab. de prod. chim. Apt. Vauc.
Bontemps, anatomie plastique. Paris.
Boutemps, fab. d'instruments div. Paris.
Bor, fab. de biberons. Amiens.
Bosquillon, mécaniques Jacquard. Paris.
Bottier, mach. à rogner le papier. Paris.
Bouchard (Pierre), cordier. Nevers.
Bougnol et Giran, fab. de rubans de soie. Nîmes.
Bouillant, fondeur. Paris.
Bouillard, fab. de portefeuilles. Paris.
Boulay, bonnetier. Falaise (Calvados).
Bourabier, bonnetier. Limoges.
Bourbon-Leblanc, statuettes et médaillons en cuivre. Paris.
Bousseroux, appareils culinaires. Paris.
Bouthors et Dereins, articles de Saint-Quentin. Amiens.
Boutton-l'Evêque, agriculture. Maine-et-Loire.
Bramet, prote d'imprimerie. Paris.
Bredif fr., chaussures en cuir. Tours.
Brichard, passementier. Paris.
Brie et Jeofriu (Mmes), chapeaux de femme. Paris.
Brifaut, encriers portatifs. Paris.
Brisseau, fab. de plaqué. Paris.
Brochon, fondeur. Paris.
Bruno, marbrier, Brives. Corrèze.
Bussard, horloger. Versailles.
Butruille. fab. de fils de lin. Douai.
Cadou, fabr. de clous. Chartres. E.-et L.
Caillaux (Mme), fab. de corsets. Paris.
Caillet frères, grosse quincaillerie. Donchery. Ardennes.
Calippe, non exposant. Rouen.
Callerot (association d'ouvriers), chaussures en cuir. Paris.
Calteaux, fab. de brosses. Paris.
Camaret, carton-pierre. Paris.
Camoin-Pierron, quincaillier. Vrignes-aux-Bois. Ardennes.
Campion et Théroulde, fab. de produits chimiques. Granville. Manche.
Caunet et Cornozières, fab. de machines. Paris. Seine.
Carette, bonnetier. Gentelles. Somme.
Carle, fonderie de bronzes d'art. Saint-Maur-les-Fossés. Seine.
Carles, lithographe. Paris.
Carnet, dessins de fabrique. Paris.
Carnet-Saucier, subst. aliment. Paris.
Caron, arquebusier. Paris.
Carrière, orfèvrerie. Paris.
Casse-Lhuilière, fab. de dentelles. Nancy.
Cazenave, fab. de coutils de fil. Corraze. Basses-Pyrénées.
Chagot, zingueur. Paris.
Chagot-Marin, fleurs artificielles. Paris.
Chalier-Tartas, appar. d'éclairage. Paris.
Chamart, fab. de pompes. Paris.
Chambellan. œillets métalliques. Paris.
Chansay, fabricant d'appareils. Paris
Chapelle-Maillard, fab. de porcelaines. Paris.
Chapplain, machine à tirer le trait de la laine. Vandeuvre. Aube.
Chappuy, fab. de glaces. Douai. Nord.
Chapuis (ve), fab. de gélat. Annonay. A.
Chaput, coutelier. Thiers.
Charageat, parapluies. Paris.
Charbonnier, clysoirs. Paris.
Chardin, sculpteur. Montmartre. Seine.
Charlot, émaillage sur métaux. Paris.
Charon et C., fondeurs. Paris.
Charpin, fab. de mach. Villers-Sexel. H.-Saône.
Chartier, fab. de glaces. Douai. Nord.
Chaulin, encriers syphoïdes. Paris.
Chaumet, nettoyage du riz. Bordeaux. Gironde.
Chauvel, fab. de chapeaux. Paris.
Chevallier, fab. de papiers peints. Paris.
Cheville, fab. de brosses. Paris.
Chiquet, tablettier. Paris.
Christ, quincaillier. Strasbourg.
Classen, fabr. de portefeuilles. Paris.
Claudé, fabr. de peignes. Paris.

Claudin-Coussac, fabr. de fécules. Limoges.
Clauss, march. de porcelaines. Paris.
Clémençon (Mme), fabr. de corsets. Paris.
Clément et Filloz, bijoutiers. Paris.
Clémentel, pierres lithographiques. Clermont-Ferrand.
Coesnon, étoffes de crin. Paris.
Cœur, fabr. d'instr. à vent. Paris.
Coligny, appar. pour monter les meubles. Paris.
Collet, agriculteur. Cosse. Mayenne.
Collette, fabr. de baleines. Paris.
Colliguon (Théodore), fabr. d'instr. arat. Ancy. Yonne.
Collin, matières tinctoriales. Marseille
Colombeau, rafleur. Smarre. Vienne.
Conseil municipal, marbre. Bône. Constantine.
Constant jeune, fabr. de châles. Nîmes.
Constantin, graveur. Nancy.
Corbin, fabr. de porcelaines. Paris.
Corbin (Antoine), orthopédiste. Joué-lès-Tours. Indre-et-Loire.
Corrèze (Comp. des ardoisières de la), Corrèze.
Cossonnet, arboriculteur. Longpont. Seine-et-Oise.
Coste fabr. d'instr. à vent. Paris.
Coste et Desgats-Ricole, papeterie. Castres-sur-l'Agout. Tarn.
Cottan et C., fabr. de savons. Paris.
Coudron, bijoutier. La Ferté-Gauché. Seine-et-Marne.
Coulon, bois appliqué au bâtiment. Paris.
Couppel de Lude, tabacs. Eblïar. Alger. Afrique.
Court, horloger. Paris.
Courtial, matières tinctoriales. Grenelle. Seine.
Courtin, non exposant. Rouen.
Courtois, fab. de briques. Issy. Seine.
Courtois aîné, fabr. d'instr. à vent. Paris
Courvoisier, non exposant. Lille.
Coutant, fondeur. Gare d'Ivry. Seine.
Coutiel-Anoché, passementerie. Oran. Afrique.
Coyette, éleveur. Trilport. Seine-et-M.
Croutte, horloger. St Aubin-le-Cauf. S.-I.
Cruet, appar. culinaires. Rouen.
Cudruc, fabr. de fermetures domiciliaires. Paris.
Dailly, quincailler. Marines. Seine-et-O.
Dalaud, pressier. Paris.
Dalbergue, orfèvrerie. Paris.
Dambreville, fabr. de produits chimiq. Amiens.
Damour, cuvettes d'égout à interception. Paris.
Dandrieu, fabr. de papiers peints. Paris.
Dandurand, fours et appar. de dessiccat. Paris.
Danel, imprimeur. Lille.
Dangu (Alexandre), fabr. d'instr. arat. Puy-la-Vallée. Oise.
Danguy, fabr. de machines. Paris.
Dausac, fabr. de meules. Lebois. Vienne.
Dantin (Joseph), ourdissoir à châles. Paris.
Darche, fabr. d'inst. à vent. Paris.
Dardié (veuve), fabr. de draps. Mazamet. Tarn.
Darroux aîné, ardosiotome. Auch.
Daubergne, non exposant. Paris.
Daud, fabr. de billards. Paris.
Dauphin, fabr. de cadres. Paris.
Dautry et C., machine doubleuse. Paris.
Davenne, moulin à plâtre. Paris.
Davesnes, éleveur. Gorges. Loire-Infér.
David (L.-F.), fabr. d'objets en cuivre. Paris.
Debacq, fabr. d'appareils. Paris.
Debarle, fabr. de maroquins. Paris.
De Beaulaincourt (Mlle), fleurs artificielles. Glomenghen. Pas-de-Calais.
Debatiste, fabr. de machines à chocolat. Paris.
Debergue, papiers de fantaisie. Paris.
Delray, vannerie. Paris.
Deboissemon et C., briques réfractaires. Langeais. Indre-et-Loire.
Dechavaigne, bijoutier. Paris.
Decharier, agriculteur. Bocton-Mulle. Bas-Rhin.
Decoster (Ch.), fabr. de fil de lin. Avilly. Oise.
Dédé, fabr. de vernis. Paris.
Degand, fabr. de dentelles. St-Omer. Pas-de-Calais.
Dehaule, fab. de formes. Paris.
Dehaut, capsules pour eaux gazeuses. Paris.
Dehout, fabr. de prod. chimiq. Paris.
Deiss, fabr. de prod. chimiq. Paris.
De Kersegu, fabr. de prod. chimiques. Brest. Finistère.
Delacour (Louis Félix), fondeur. Paris.
Delacour, fondeur. Cerisé. Nord.
Delahaye, fabr. d'outils. Paris.
De la Hubaudière, poterie commune. Quimper. Finistère.
Delamarre, poterie commune. Ymare. Seine-Infér.
Delarue et Guéret, forgerons. La Villette. Seine.
De Lattaignant, forgerons. Lédenghem Pas-de-Calais.
Delavalette, impression sur maroquin. Brié. Isère.
Delègue, laines peignées et filées. Saffres. Côte-d'Or.
Delemazure-Dethon, tissus de Roubaix Roubaix.
Delinotte, fabr. de fermetures domiciliaires. Paris.
Delon (Eugène), fabr. d'instruments aratoires. Essonnes (Seine-et-Oise).
Demontlaur (Ve.), bonnetier. Paris.

Deneux-Michaut, linge damassé. Hallencourt. Somme.
Dennebecq. fab. de tapis. Paris.
Denniée. fab. de machines. Paris.
Deroy (Mlle), dessins de fabriq. Paris.
Derriey (F.-Ch.), graveur. Paris.
Derube, tis. de coton en couleur. Rouen.
De Saubiac, id. Ariége.
Descartes, ébéniste. Paris.
De Seraincourt (Ch.), mines de Villefranche et Hajac (Aveyron). Paris.
De Sillan, mines. Lanneur. Finistère.
Desloriers, tabletterie. Paris.
Desmarest, non exposant. Rouen.
De Smedt (Mme), fab. de corsets. Paris.
Desobry, susbtances alimentaires. Paris.
Despeuilles, poterie commune. St-Honoré. Nièvre.
Desroches, fab. de sabots. Grenoble.
Dessaigne, fab. de registres. Paris.
Desteuque et Bouches, tissus de laine légers. Reims.
Destibeaux (Hector), cuirs vernis. Paris.
Desvignes, vannerie. Paris.
De Torcy, éleveur. Orne.
Devaux, fabr. de sabots. Paris.
Deyrolle, anatomie plastique. Paris.
Dubil, fab. de draps. Fougères. I.-et-V.
Didat, fab. de chapeaux. Paris.
Didier, dents artificielles. Paris.
Dietz, pressoir. Bar. Bas-Rhin.
Dieu, fab. de cadres. Paris.
Diot et Nourry, coutils de cot. Flers. Or.
Dobbé frères, bijoutiers. Paris.
Dobignard, fours et appareils. Paris.
Dolbergen, orfévrerie. Paris.
Donneau et C., fab. de bougies. Paris.
Dormoy (Mme), convert. de laine. Paris.
Dousseau (Joseph), agriculteur. May.
Drapier, ébéniste. Paris.
Duboc, agriculteur. Fouquemare. S.-I.
Dubray, fab. de registres, Paris.
Dubreuil frères, fab. de pap. peints. Paris.
Dubuat, id. Cossé. May.
Duclos, fab. de machines. Paris.
Ducor, mach. à couper les effilés. Paris.
Ducroquet, fab. de registres. Paris.
Dufour, fab. de bitumes. Angers.
Dufour, fab. de brunissoirs. Paris.
Dufoy, horticulteur. Paris.
Dugland, porte-fouet. Paris.
Duhil, fab. de draps. Fougères. I.-et-V.
Dumaige, fab. de mach. à chocol. Paris.
Dumas fr., Bossens et C., bonnet. Nimes.
Dumora fils aîné, fond. Beganos. Gir.
Dumouchel, horloger. Paris.
Dupas, fab. de boîtes à conserv. Paris.
Duplany, appareils de filtrage. Paris.
Duplat, id. Vennele. Ar.
Dupuis, mosaïques. Paris.
Dupuy de Podio, enrayage de voitures, Toulouse.
Durand et Gire, serruriers. Paris.
Duranton, tissus de coton. Paris.
Duqenne, fondeur. Paris.
D'Ussel, id. Heuric. Cor.
Dutertre, tissus imperm. Laigle. Orne.
Dutrône. éleveur. Seine.
Duval, vitraux peints. Chatou. Seine.
Duval fils. id. St-Georges. May.
Duval fr. id. Fontaine-Daniel. M.
Duvillers, fab. d'inst. aratoires. Paris.
Echard, agriculteur. Ernée. Mayenne.
Edan, dorure sur bois. Paris.
Edeline, fours et appareils. St-Denis. S.
Ehrmann (Fr.). agric. Bischwiller. B.-R.
Elambert, bijoutier. Paris.
Ernoux, fab. de chapeaux. Paris.
Etard, layetier. Paris.
Evans, anatomie plastique. Paris.
Evrard. vitraux peints. Paris.
Fabart et C., fabr. de châles. Paris.
Falhon, serrur. Versailles.
Farissier, passementerie. Valbenoite. Loire.
Fastier, substances alim. Neuilly. Seine.
Fatton, horlog. Paris.
Fauchet, agricult. Rouen. Seine-infér.
Fauconnier, non exposant. Bayeux. Calvados.
Faurie, fabr. de baignoires en métal. Paris.
Faveers, fabr. de meubles en métaux. Paris.
Fayet-Baron, fabr. de meubles en mét. Paris
Fayon jeune. substances alimentaires. Rennes. Ille-et-Vilaine.
Feldtrappe, fabr. de porcel. Paris.
Férinot, agricult. Le Valdahon. Doubs.
Ferrario, fabr. d'instr. d'opt. Paris.
Ferrier, arquebusier. Paris.
Ferry, fabr. de meules. Paris.
Fert. fabr. de cadres. Paris.
Février, (Vve), fabr. de bronzes. Paris.
Fichtemberg et sœurs, fabr. de crayons. Paris.
Figuera, produits chimiques. Paris.
Fincken, fabr. de glaces. Paris.
Fistet, pressier. Paris.
Flashier, cordier. Condrieu. Rhône.
Flechey, papet. St.-Eugène. Alger.
Fleschelle, fabr. de pétrins mécan. Paris.
Florange, ébéniste. Paris.
Follet, appar. d'éclairage. Paris.
Fontaine, horticulteur. Villiers. Seine.
Fouché (Joseph), modèles et dessins. Paris.
Fouré, fabricant de fils de lin. La Rochelle.
Fournet, (Joseph), fabr. d'instr. arat. Paris.
Fournier-Vardon, fabr. de dentelles. Caen.
Fournier et Dupuy, papet. de luxe. Paris.
Fournier St-Amand, marbr. Villeneuve-sur-Lot. Lot-et-Garonne.
Franc-Magnan, fabr. de gélat. Orléans.

Fréminet, cylindres, Paris.
Frénault (Jacques-Hyacinthe), fabr. de robinets en cuivre. Orléans. Loiret.
Fromage, mécan. Jacquard. Darnetal. Seine-Infér.
Fromentault, chauss. en cuir. Nantes.
Fumet, appar. à faire la glace. Paris.
Fuselier (L.-P.), instruments à faner. Nevers. Nièvre.
Fuss, fabr. de trains de voitures. Paris.
Gabry, poter. commune. Melun. S.-et-Marne.
Gagne, orfévr. Paris.
Gagnery. manneq. p. peintres. Paris.
Gaillouste, ébén. Paris.
Galibert, sacs sans couture. Paris.
Gallay et Grignon, graveurs. Paris.
Gallet, fabr. d'appar. Havre.
Gallois-Foucault, charp. en fer. St-Martin. Ile de Ré.
Gantillon, fabr. de tissus de soie. Lyon.
Gardissal, mach. à carder. Paris.
Garlenc (Jean-Marie), fabr. de robinets en cuivre. Paris.
Garnier, fabr. de bronzes. Paris.
Garnier, tissus imperméables. Paris.
Garnier-Savatier, agric. Marseille.
Gascoin, châssis de croisées. Paris.
Gaubert, éleveur. Eure-et-Loir.
Gaudry, blanch. Rouen.
Gaugry-Lumet, fabr. d'instrum. arat. Châteauroux. Indre.
Gateaux, fabr. d'instrum. à archets. Paris.
Gauthier, graveur. Paris.
Gautier, quincaill. Paris.
Gellée fr., fabr. de portef. Paris.
Gellée aîné et C., fabr. de savons. Paris.
Geneste, fabr. de cheminées. Paris.
Gersin, imitat. de bois et de marbre. Paris.
Gibert, riz. Frocourt. Oise.
Gibus (Gabr.), et fils, fabr. de chapeaux. Paris.
Gilbert, fabr. de stores. Paris.
Gilbert (Franç.), orfévr. Paris.
Gillet et Dusaigne, sonnettes à déclic. Saintes. S.-Infér.
Gilliman et Alauzet, presses typograph. Paris.
Gillot (Joseph-Franç. de Paule), cocons et soies grèges. Woippy. Moselle.
Girerd et fils fr., passement. Lyon.
Girod (Joseph), fab. de soufflets de forge. Montauban. Tarn et-Garonne.
Girod, bandag. Ecueillé. Indre.
Giroux, fabr. d'alambics, etc. Paris.
Gobin et Morisot, fabr. de bronzes Paris.
Godard, lithographe. Paris.
Godefroy, mach. à impr. sur étoffes. St-Denis. Seine.
Godon, dessins de fabr. Paris.
Gonthier, dents artific. Brest.
Gorju, fondeur. Paris.
Gosse de Serlay (Camille), papeterie. Gueures, c. de Bacqueville. Seine-Infér.
Goubin, mosaïques. Paris.
Gourguechon, fabr. de parquets Paris.
Gourier, céréales. Alemont. Moselle.
Goyon, fabr. de vernis. Paris.
Graindorge, riz. Bagnolet.
Grandidier, céréales. Pluche. Moselle.
Grandsir et Engler, appar. d'écl. Paris.
Grebus, tissus de coton en couleur. St-Dié. Vosges.
Grégoire, fabr. de prod. chim. Aubourdin. Nord.
Grellet, négoc., blutoir mécan. Rouen.
Grenier, appar. culin. Paris.
Grey, subst. aliment. Dijon.
Gros, ébéniste. Paris.
Gros, mosaïque. Paris.
Guay, fabr. de moules pour pâtisseries. Paris.
Guenucho, laines peignées et filées. Mareuil-sur-Ourcq. Oise.
Guérin-Boutron, subst. aliment. Paris.
Guérin et Lemonnier fr., chem. atmosph. Caen.
Guérin, fabr. de roulettes, pèse-lettres. Paris.
Gueury, mach. à vapeur. Orléans. Loiret.
Guétrot, sculpteur. Melle. Deux-Sèvres.
Guillat, fabr. de sabots. Limoges.
Guillois et C., fabr. de cuirs. Paris.
Gyssens, fabr. d'instr. à vent. Paris.
Guyot, ébén. Paris.
Hallberg. bijout. Paris.
Hallié, agricult. Gironde.
Hallet, fabr. de mach. Paris.
Hangest (D'), fab. de broderies. Paris.
Hanon, fabr. de meules. Paris.
Hartweck, dessins de fabr. Paris.
Havard, fabr. de tours. Paris.
Head (James), quincaill. St-Germain-les-Gy. Loiret.
Heiligenthal et C., fabr. de carton-pierre. Strasbourg.
Heinhold, pressoir. Strasbourg.
Heining, non exposant. St-Quentin.
Hennery, glaces. Guerville. S.-Inf.
Hennequin, modèles de couvert. Paris.
Hénoc. fabr. de plumeaux. Paris.
Henri et Bessàs-Lamégie, traverses en fonte et en fer. Paris.
Henry fils et Bompart, filateurs de coton. Bar-sur-Ornain.
Henry (Jos.), f. d'instr. à archets. Paris.
Hervé, huile. Bercy.
Hesty, vases pour eaux gazeuses. Paris.
Hipp, ébén. Paris.
Hippolyte (Mme), fabr. de corsets. Paris.
Honorat, fabr. de draps. St-André-de-Méouilles. Basses-Alpes.
Houdeville, agricult. Ouville-la-Rivière. Seine-Infér.
Houel (Gabr.), céréales. La Trapinière, près St-Lô. Manche.
Houssay frères, quincailliers. Paris.

Houzé et C., fab. d'instruments à vent. Montmartre. Seine.
Huart (D') de Nathomb, faïence fine. Longwy. Moselle.
Hubel, ébéniste. Paris.
Hugon (Pierre), fab. de châles. Nîmes.
Husseuet. fab. de pompes. Paris.
Husson, bijoutier. Paris.
Jacquet, fab. d'orgues. Paris.
Jacquet, Lacarrière et Dagrin, ébénistes. Paris.
Jacquet-Robillard, fab. de limes. Arras.
Jalabert, sculpteur en jujubier. Alger.
Jamain-Cerisier, fab. de brides. Amboise. Indre-et-Loire.
Jarrin, appareils d'éclairage. Paris.
Jeannette, lucarnes en fonte et planchers en fer. Paris.
Jeanningros fr., coutel. Ornans. Doubs.
Jeanselme, ébéniste. Paris.
Jeunesse (Jean-Auguste), chaussures en cuir. Paris.
Jomeau, fab. de monte-sacs. Paris.
Joris, marqueterie. Paris.
Jouzel-Arondel, fab. de toiles à voiles. Amanlis. Ille-et-Vilaine.
Julienne, fab. de porcelaines. Paris.
Jundt et C., papier-porcelaine. La Robertsau. Bas-Rhin.
Junod, fab. de cadres. Paris.
Kedji-Mohammed, pipes en bois. Mostaganem. Oran.
Klammer (Gérhard), chaussures en cuir. Paris.
Koch, ébéniste. Paris.
Labbé, fab. de mach. div. Vaugirard. S.
Labbé et Larrouy, ébénistes. Paris.
Labiosse, tissus de coton. Lyon.
Laborde, fab. de pianos. Paris.
Labrousse, impressions sur étoffes. St-Germain-en-Laye. Seine-et-Oise.
Laburthe, fab. de billards. Paris.
Lacombe, tabacs. Bône. Constantine.
Lagarde-Maneuvrier, coutelier. Limoges.
Laget et Dupuy, filat. de coton. Vizille. I.
Lagrange, modèl. de mach à battre. Paris.
Laisis fils aîné, fab. de trains de voitures. Laval.
Lalanne, soies grèges. Blidah. Alger.
Lambert, vannerie. Paris.
Lambert et fils frères, fab. de chapeaux. Toulouse.
Lamy, zingueur. Paris.
Landais, poterie commune. Tours.
Lanéry (Mathieu), méc. Jacquard. Paris.
Langlet, fab. d'objets en cuivre. Paris.
Langlois, tapisseries à la main. Paris.
Lany, appareils culinaires. Paris.
Laperche, fab. de cheminées. Paris.
Laperche. quincaillier. Paris.
Laporte (Emile), fab. de cuirs. Paris.
Larat-Minot, agriculteur. Deux-Sèvres.
Lard, relieur. Paris.
Larenoncule, quincaillier. Paris.
Larrive, fab. de boutons. Paris.
Laudet (Mme), linge damassé. Pau.
Lausser (François), fab. de sabots. Paris.
Laverne (Marie-Joseph), boulanger, monte-sacs. Châlons-sur-Marne.
Laverne et Mathieu, cocons et soies grèges. Uzès. Gard.
Lavigne, cocons et soies grèg. Artix. Ar.
Lavigne et Sourd, passementeries. Paris.
Leautaud, baleines. Paris.
Lebailly (J.-C.-F.), fab. de cuirs. Vire. C.
Lebel, agriculteur. Pechelbronn. B.-R.
Lebel, cordier. Soissons. Aisne.
Lebesgue, quincaill. Port de Bercy. S.
Lebesgue et Roullet, appareils d'éclairage. Paris.
Lebon (F.), orfèvrerie. Paris.
Lebordais, fab. de vernis. Paris.
Lebrun, chaussures en cuir. Paris.
Lecerf (Fr.), quincaillier. Paris.
Leclerc (Léon), id. Livré. May.
Leclerc, fab. de machines. Paris.
Leclère, riz. Groslay. Seine-et-Oise.
Leclère, fab. de cadres. Paris.
Lécuyer (Catherine), non exposant. Chantilly. Seine-et-Oise.
Lecointe, mach. à vapeur. St-Quentin.
Lecornu frères et C., fab. de dentelles. Gonneville. Calvados.
Leduc, fab. de fils de lin. Nantes.
Lefebvre, fab. de vernis. Paris.
Lefebvre (Mlle), fab. de châssis à tabatières. Paris.
Lefebvre, fab. de registres. Paris.
Lefèvre, lithographe. Paris.
Legardeur, fab. de limes. Belleville. S.
Leger, fab. d'instruments arat. Auxerre.
Legras et Rigaux, mach. à treil. Paris.
Lehodey, clysoirs. Paris.
Lehujeur et Retoust, coutils de coton. Flers. Orne.
Lejeune, fab. de chapeaux. Paris.
Lemaire-Daimé, moules et papiers à cigarettes. Andresy. Seine-et-Oise).
Le Maux, machine à broyer la paille. Batignolles. Seine.
Lemolt, fab. d'instr. d'optique. Paris.
Lemonnier, ouvrages en cheveux. Paris.
Lenotre, appareils pour eaux gazeuses Paris.
Lenud, calorifères à air chaud. Paris.
Léonard, fab. de meubles en mét. Paris.
Lepage, fab. de limes. Paris.
Lepontois, tissus de coton. Lorient.
Lepreux, fab. de fermet. domic. Paris.
Leprince de Beaufort (Mme v°), papiers de luxe. Paris.
Lequin et C., substances alimentaires. Lahayevaux. Vosges.
Leroy, appareils d'éclairage. Paris.
Lescure et C., fondeurs. Gironde.
Lesillois, fab. de vernis. Paris.
Leunenschloss, tissus élastiques. Paris.
Levasseur (Mlle), tapiss. à la main. Paris.
Levillayer, lingerie. Paris.
Levent, appareils d'éclairage. Paris.

Lévêque, incrustation d'ivoire. Meaux.
Lévêque, mach ne à treillage. Paris.
Lévy fils et C., fab. de bronzes. Paris.
Lhominy, cordier. Paris.
Lhuilier, fab. de plumeaux. Paris
Ligeard (Adrien), fab. d'instruments aratoires. St-Cyr. Indre-et-Loire.
Lippmann, agriculteur. Bas-Rhin.
Lobin, vitraux peints. Tours.
Longuet-Lecomte, substances alimentaires. Saint-Quentin. Aisne.
Loron, arquebusier. Versailles.
Lortic, relieur. Paris.
Louvel et Cabanis, fleurs artific. Paris.
Louvel (Ch.), fab. de sabots. Paris.
Louvel (Alexand.), fab. de sabots. Paris,
Louvet et Cottard. fab. de cuirs. Soissons. Aisne.
Luce, miroitier. Versailles.
Luce-Villiard, bonnetier. Dijon.
Maboux de la Frasse, bandage. Paris.
Macaud, appareils d'eclairage.
Madeline, fab. de cire à cacheter. Paris.
Maffre, huiles. Bougie. Alger.
Maillard et C., fab. de billards. Paris.
Mailly, fab de savons. Paris.
Mainster et Wiesener, graveurs. Paris.
Malhian aîne, fab. de châles. Nîmes.
Mallet, ébéniste. Paris.
Malingre. horticulture. Neuilly. Seine.
Malzac (Florent), filature de bourre de soie. Meyruéis. Lozère.
Manche, laines peignées et filées. Roubaix. Nord.
Manoury d'Ectot, modèles et dessins. Paris.
Marais, non exposant. Rouen.
Marangoni, mosaïques. Paris.
Marbach, fab. de poteries d'étain. Paris.
Marcaud, appar. d'éclair. Paris.
Marchal, subst. alimentaires. St-Memmie. Marne.
Marc-Martin, fab. de briques. Bourbonne. Haute-Marne.
Maréchal. comp. d'imprimerie. Paris.
Maret, comp. d'imprimerie, non exposant. Bayeux. Calvados.
Marquis, coutellier. Paris.
Marsang, agriculteur. Serran. Ariége.
Marsille-Guillotaux, fab. de cuirs. Quimperlé. Finistère.
Martel, bois appliqué au bâtim. Paris.
Martenot, lithographe. Paris.
Martin, calorifères à air chaud. Besançon.
Martin (Louis Leon), dessins de fabrique. Paris.
Martin (Mme), dessins de fabrique. Busy. Doubs.
Martinez-Vicente, tabacs. Oran. Afriq.
Martin-Perret, pressoir. Jargeau. Loiret.
Mary (Jean), mécaniq. Jacquard. Paris.
Mary, sommiers élastiques. Paris.
Masse, construct. et modeles. Paris.
Massenot, fab. de brides. Paris.
Massiquot, mach. à rogner le pap. Paris.
Massiquot et Thirault, mach. à rogner le papier. Paris.
Mathian, calorifères à eau et à vap. Lyon.
Mathieu, horticulture. Paris.
Mathis, calorifères à eau et à vap. Lyon.
Matignon, fab. de cardes. Paris.
Mauduit, mach. à bonneterie. Paris.
Mauduit, mannequins pour peintres Paris.
Mauny et C., fab. de briques. Paris.
May, arquebusier. Paris.
Mayer, fleurs artificielles. Paris.
Mazères, soies grèges. Dely - Ibrahim Alger.
Mazorin fils, cocons et soies grèges. S Hippolyte. Gard.
Ménetrel-Drouin, fab. de brides. Joinville. Haute-Marne.
Meny, non exposant. Paris.
Mercier, agriculteur. Lagrange. Mayen.
Mercier (Claude-Victor), tabletier. Paris
Mercurin, huiles et ton. Cheragas. Alger.
Meugniot (François), fab. d'instr. arat. Dijon.
Michault (Adolphe), quincaillier. Paris.
Michon, bonnetier. Paris.
Miguet, bijoutier. Paris.
Milhouard, agricult. La Loupe. E.-et-L.
Mohamed - Ould - Barbar - Ali, pipes en bois. Mostaganem. Oran.
Mojon, bijoutier. Paris.
Monthiers et Alabarze, subst. ali. Paris
Montillier, presses typographiq. Paris.
Moraud, couv. de coton. Paris.
Morange, moulages calc. Clermont-F.
Morel, frères, filature de coton. Paris.
Morin, fab. de meubles en métal. Paris.
Moritz, anatom. plast. Paris.
Mornieux, fab. de boutons. Paris.
Motteau, fondeur. Angoulême.
Moulis, agriculteur. Cazavet. Arriége.
Mouloise, fab. de meubles. Paris.
Mouren (L.), et C., minoterie et couscoussous. Alger. Afrique.
Moussaint frères, étoffes de crin. Paris
Mousset, meubles en métaux. Paris.
Moussier, fab. d'objets en metal anglais Paris.
Mouzaïa (Mines de), substances minér. Alger.
Mudesse, fab. de bronzes. Paris.
Muleret, orfevrerie. Paris.
Muller fils, fab. de brosses. Paris.
Muller (Louis-Édouard), doreur sur bois. Paris.
Munz, ébéniste. Paris.
Naudinat, crysoirs. Paris.
Nauroy, châssis pour l'échalassement Pagny-sur-Moselle. Meurthe.
Nicod, fab. de faulx. Maisons-du-Bois. Doubs.
Nicod veuve et fils, ouates. Annonay. Ardèche.
Nicole, fab. de tapis. Darnetal. S.-I.

Noël, substances aliment. Nancy.
Noisette (Louis), horticulture. Paris.
Norion (Victor), non exposant. Elbeuf. Seine-Infér.
Nourtier et C., fab. de châles. Paris.
Ozenne-Mongenot, fab. de limes. Breuvanne. Haute-Marne.
Oudard fils et Boucherot, subst. aliment. Paris.
Obry, bijoutier, Paris.
Orenge, ébéniste. Rouen.
Ottenheim (Léonard-Edouard), fab. de cuirs. Versailles.
Oulassas (Tribu des), chapeaux de paille. Oran.
Paillard, appar. culinaires. Paris.
Paillette, fabr. de brosses. Paris.
Papelard, fabr. de pianos. Montmartre (Seine).
Paquet (Victor), céréales. Paris.
Parent, fabr. de boutons. Paris.
Pareau et C., fab. de clous. Montbéliard. Doubs.
Parod, modèles et dessins. Prés-St-Gervais. Seine.
Paroissien, fleurs artific. Paris.
Parvillez, fabr. de fermet. domic. Paris.
Parzudaki, anat. plast. Paris.
Pascal, agricult. Gap. Htes-Alpes.
Passerat, fabr. de boutons. Nantua. Ain.
Passerieux, fabr. d'instr. à archets. Paris.
Pathier (Etienne), fabr. de cuirs, Paris.
Paturel, cravaches. Paris.
Paulin-Desormeaux, appar. d'écl. Paris.
Paulus, appar. d'écl. Hagueneau. Bas-Rhin.
Payen (J.-B.), passement. Paris.
Payen, fabr. de briques. Paris.
Pech, fabr. de savons. Canne-Monestiès. Aude.
Pedeucoiq, huiles. Oran. Afrique.
Pellerin, fabr. d'orgues. Paris.
Pelletier, fabr. de timbres. Paris.
Penil, fabr. de fils de lin. Pincé. Sarthe.
Pennequin, fabr. de cadres. Paris.
Penn-Hellouin, fabr. d'instruments aratoires. Aulnay-sur-Odon. Calvados.
Percepied-Maisonneuve, pierres lithogr. St-Nectaire. Puy-de-Dôme.
Peret et Mathieu, mosaïques. Paris.
Pernolet, caisse fse. pour le triage des minerais. Aux mines de Huelgoat.
Pernot, bas lacés. Paris.
Pernet, orthopéd. Paris.
Pérot, bijout. Paris.
Perrève, fabr. de calorifères à eau et à vapeur. Paris.
Perrin-Lecoq, chardons métall. Sedan.
Perrot, zingueur. Paris. Seine.
Perrucat, ganterie, Grenoble.
Pesquet, fabr. de prod. chim. Paris.
Pestillat, fabr. de casques. Paris.
Petin, clichés Paris.
Petit, pierres lithograph. Paris.
Petit-Leclère, fabr. de cardes. Rouen.
Peyre et Durand, mat. tinctoriales. Valmy. Oran.
Peyron, fabr. de tamis. Rumengol. Finistère.
Peysson-Delaborde, appar. pour les dragées. Paris.
Philippe (Pierre-Alph.), grosse quincaill. Paris.
Philippe, quincaill. Paris.
Picard, fabr. de moules p. pâtisseries. Paris.
Picard (Charles), fabr. de cuirs. Laigle. Orne.
Pichard, bijout. Paris.
Pichon, fabr. de crins frisés. Metz.
Pierret, horloger. Paris.
Pierson, appar. d'écl. Paris.
Pignel, fabr. d'instr. arat.. Bois-Sire-Amé, près Bourges. Cher.
Pignon, agricult. Montandon. Doubs.
Piguet, horloger. Paris.
Pinard, tôles vernies. Paris.
Pinguet fils, passement. Paris.
Piques fr., papiers. Nancuise, canton d'Orgelet. Jura.
Piscatore, horticulture. Paris.
Pitet aîné, fabr. de brosses. Paris.
Plantard et C., fabr. de chauss. Paris.
Plénel, fabr. de billards. Paris.
Plique, bijoutier. Paris.
Plouin (Jules), orfevr. Paris.
Poiret, appar. pour bains de vapeur. Clermont-Ferrand. Puy-de-Dôme.
Poliot, appar. culinaires. Paris.
Pomard aîné, horlog. Paris.
Pommier, agricult. Cour-St-Maurice. Doubs.
Ponge fils et Muret, fabr. de châles. Nîmes.
Porquet, pressoir. Pierry. Marne.
Porquier, fr., poterie comm. Quimper.
Portier et C., instruments de chirurgie. Paris.
Potel, bijouterie. Paris.
Pouchet, mach. pour peigne à tisser. Rouen.
Pouillien, bas pour la chirurg. Paris.
Poulain, fabr. d'ardoises. Paris.
Poulain (Henri), modèles de couvertures. Paris.
Poux, orfévr. Paris.
Pradier et Sarrazin, marbr. Paris.
Pramondon, fabr. de broder. Paris.
Prax, fours et appar. Paris.
Prevel aîné, fabr. de briques. Besançon.
Prosper (Jean), dit Brunot. Ustensiles de pêche. Paris.
Puel et Barthel, fabr. de maroquins. Paris.
Quétel (Me), horticulteur. Caen.
Quinquarlet-Dupont, bonnet. Troyes.
Rabatte, modèle de wagon. Paris.
Rabourdin (Henry-Ferdinand), papiers. Cusset. Allier.
Rachet, appar. culin. Metz.
Racine, matières tinctoriales. Besançon.

Raimbert, chanvre dit tackrouc ou hachih. Bône. Constantine.
Ra lu fils, fabr. de coutils de fil. La Ferté-Macé. Orne.
Ramella (Joseph), fabr. d'instr. aratoir. Gap. Hautes-Alpes.
Raphanel, fabr. de vernis. Paris.
Raphanel, Ledoyen et Rouget de Lisle, fabr. d'appar. Paris.
Rauch, formes à sucre. Paris.
Ravondenc, ébén. Paris.
Rayet, fab. d'appar. Lussat. Creuse.
Redelin, fabr. de boutons. Paris.
Reider et Vincent, picknomètre. Rixheim. Ht-Rhin.
Renard et C., cannes. Paris.
Renard, fabr. de vernis. Lavillette. Paris.
Renaud, bijout. Paris.
Renault (Raph.), draper. fine. Louviers. Seine-Infér.
Renault fils aîné, cartes à jouer. Paris.
Rennes, fabr. de brosses. Paris.
Revillon, Jacob et Berger, chaussons en cuir. Lyon.
Reymond, mach. à râclage. Paris.
Riballier, ébéniste. Paris.
Ribeyrolles (les héritiers), fondeurs. Jaumelières. Dordogne.
Ringard, fabr. d'instruments d'optique. Paris.
Ringel, jouets d'enfants. Paris.
Risler (Mme), fabr. de corsets. Paris
Ritter et Petit-Gérard, vitraux peints. Strasbourg.
Rivot de Bazeuil (Pierre), fabr. de toiles cir. La Ferté-s.-Amance. Hte-Marne.
Robert-Peauchamp fr., fondeurs. Verrières. Vienne.
Robin, fabr. de timbres sonnettes. Paris.
Robinot, mach. à piquer les dessins. Paris.
Roche (Pasc.), charrue-garance. Rousset. Bouches-du-Rhône.
Rogez, fabr. de pianos. Paris.
Rohée, fabr. de pompes. Paris.
Rohlfs, mach. rotative pour séchage. Paris.
Roll, ébéniste. Paris.
Rosset et Normand, fabr. de châles. Paris.
Rossignol fr., fabr. d'aiguilles. Paris.
Rouquet (Ant.), fabr. d'instrum. arat. Toulouse.
Rousseau, fr., fabr. de prod. chim. Paris.
Roussel-Becquart, tissus de Roubaix. Roubaix.
Roussel de Livry, fabr. de savons. Tourcoing. Nord.
Roussel, ébénisterie. Paris.
Rouvier-Paillard (M.), moulage en ivoire. Paris.
Ruchet et C., fabr. de cuirs forés. Paris.
Ruffier, fabr. de mach. à chocolat. Paris.
Saad-ben-Barkat, vannerie. Bône. Constantine.
Sabâtier-Blot, héliographie sur plaques. Paris
Saintoin fr., subst. aliment. Orléans. Loiret.
Salleron, fabr. de cartonnages. Paris.
Sanders, orfèvre. Paris.
Samey, mach. de théâtre, Paris.
Saron et veuve Saron (Claude), appar. culinaires. Paris.
Sauvagnat, coutelier. Thiers. Puy-de-Dôme.
Savarin, fabr. de porcel. Paris.
Savona, cotons et laines. Bône. Constantine.
Savouré (Mme), ustensiles de pêche. Paris.
Savreux (Vve). fabr. de fils de lin. Paris.
Sazerat, fabr. de chap. de paille. Limoges. Haute-Vienne.
Schattenmann (Ch.-Henry), fosse à fumier. Bouxwiller. Bas-Rhin.
Schmid, poterie commune. Besançon.
Schœffel (Vve), fabr. de teinture. Ste-Marie-aux-Mines. Haut-Rhin.
Schonenberger, impr. en taille-douce. Paris.
Sebille, plombier, Nantes. Loire-Infér.
Segretin et C., fabr. de bougies. Paris.
Seigneurie, fabr. d'instrum. aratoires. Mallot. Calvados.
Sement, minerai d'émery. Paris.
Sentex, appar. d'éclairage. Paris.
Septier, appar. de filtrage. Paris.
Serre, fabr. de trains de voit. Pont-à-Mousson. Meurthe.
Servas (Compag. des mines de). Gard.
Si ben-Abdi, chaussures. Constantine. Algérie.
Siguy, chaussures en cuir. Paris.
Silvestre (Mme), fabr. de toiles. Lillebonne. Seine-Infér.
Simon, dents artific. Paris.
Simon (Louis), céréales. Metz.
Simon jeune, marbr. Paris.
Simoneau, agricult. Nantes.
Simonet, zingueur. Paris.
Sintz, ébéniste. Paris.
Si-Omar el-Bou-Talbi, produits divers. Constantine. Afrique.
Sisco, chaînes pour la marine. Paris.
Solon, carton-pierre. Paris.
Soyer, fabr. de limes. Nevers.
Speiser, dessins de fabrique. Rouen.
Spiquel et C., passement. Paris.
Spiquel (Mich.) et C., fourbiss. Paris.
Stehelin et Schœnauer, impress. sur étoffes. Bitschwiller. Haut-Rhin.
Stein et C., fabr. d'orgues. Paris.
Tachy. fabr. de tapiss. à la main. Paris.
Taillefer, fabr. de tours. Paris
Taillichet, huiles. Boudjareah. Algérie.
Tambourg Ledoyen, ganterie. Paris.

Teillard, fabr. d'instruments aratoires. Roanne. Loire.
Terrier, horloger. Besançon.
Testard (Mlle) poupées. Paris.
Testard et Toulon, ébénistes. Paris
Tétard, ébéniste. Paris.
Theil, fabr. de meules. Maintenon-Saint-Lucien. Eure-et-Loir.
Théot. quincaillier. Paris.
Thibierge, ouvrages en cheveux. Paris,
Thibouville aîné, fabr. d'instruments à vent. Paris.
Thiellay, fabr. d'habillements d'hommes. Paris.
Thiéry, orfèvre. Paris.
Thierry, héliographie sur plaques. Lyon.
Thiot, substances alimentaires. Bourg. Ain. Paris.
Tilman (Mlle), fleurs artific. Paris.
Thomas (Maurice), forgeron. Bassuet. Marne.
Thoré (Mme Victor), Vve Horem et Denis aîné, tissus de coton. Saint-Georges-Buttavent. Mayenne.
Thouret, appar. culinaires. Paris.
Thouvenin, ouates. Paris.
Toussaint, coutils de coton. Flers. Orn.
Trappistes (les), culture. Staoueli. Alg.
Tripier-Laubrieres, agriculteur. Saint-Mars. Mayenne.
Tritschler (J.-Marie), mécan. Limoges.
Troublé, machines à imprimer les étoffes. Paris.
MM.
Trouvé-Cutirel (R.-E.) et C., fab. de cuirs. Lasuze. Sarthe.
Turpault-Beaumont, rouleau dépiqueur. Cholet. Maine-et-Loire.
Vaillant, appareils culinaires. Metz.
Valant, papiers de luxe. Paris.
Valès (Casimir), filature de bourre de soie. Meyruéis. Lozère.
Valette et C., filat. de coton retors. Paris.
Van-Bathoven, ébéniste. Paris.
Vanel, fab. de tissus de soie. Lyon.
Van-Gils, fab. de pianos. Paris.
Van-Hocke (en religion frère Hill), agriculteur. Bas-Rhin.
Van-Overbergh, agricult. Batignolles. S.
Vasselet, agriculteur. Arnous. Doubs.
Vasselon. dessins de fabrique. Paris.
Vassieux (Mlle), fab. de cafetières. Paris.
Vaultrin. cocons et soies grèg. Corny. M.
Veissière, vitraux peints. Seignelay. Y.
Vellard (Mme), fab. de vernis. Paris.
Velleaus, chaussures en cuir. Paris.
Vercasson, mach. à bonneterie. Chartres.
Verdier (Eug.), horticulture. Ivry. Seine.
Vernay, tarare et poulain mécanique. Villeneuve-l'Archevêque. Yonne.
Verreaux, orfèvrerie. Paris.
Verry, ouvrages en ivoire. Paris.
Veyts, appareils culinaires. Paris.
Vialon, graveur. Paris.
Vigneron, président du comice agricole de Toul. Meurthe.
Villemaine, fondeur. Limoges.
Vincent, laines peignées et filées. Meyrueis. Lozere.
Vindard, fab. de bougies. Troyes.
Virlet-Fournier, substances alimentaires. Ars-sur-Moselle. Moselle.
Vuillemot (J.-Louis-Amb.), sellier. Paris.
Wallet, fab. d'instrum. d'optiq. Paris.
Wausteenkiste (dit Dorus), fab. de fecules. Valenciennes.
Wasse (Frédéric), fab. d'instruments aratoires. Cagny (Somme).
Watel, dessins de fabrique. Paris.
Weber, ébeniste. Paris.
Wickham et Hart, bandagistes. Paris.
Wolf, bois appliqué au bâtiment. Paris.
Wuy, fab. de couleurs. Paris.
Youf, fab. d'outils. Paris.
Zambeaux, appareils distillatoires. Paris.
Zeer, étoffes de crin. Paris.
Zoeller, passementier. Paris.
Zorn de Bulack, agric. Ostnausen. B.-R.

NOUVELLES CITATIONS FAVORABLES.

MM.
Barbou, ustens. de ménage. Paris. Seine.
Bouton, tissus imperméables. Batignolles. Seine
Renard, serrurier. Paris.

RAPPEL DE CITATION FAVORABLE.

M. Mayet (Pierre), coutellerie. Paris.

CITATIONS FAVORABLES.

MM.
Abraham fils, ganterie de peau. Grenoble.
Agard, instrum. divers Paris.
Agard, ustens. de ménage. Paris.
Akselban, bonnetier. Paris.

Albin et C., toiles métalliques. Strasbourg.
Alexandre, registres. Paris.
Alexandre, globes célestes et terrestres. Paris.
Alibert, emploi du bois appliqué au bâtiment. Le Bréau. S.-et-M.
Allard, coutelier. Paris.
Allevy frères, mesures diverses. Paris.
Amis (Mme), bandagiste. Paris.
Andrieux, linge de table. Clermont-Ferrand.
Angibaud, serrurier. Versailles.
Arondel, systèmes de couchage. Paris.
Aubineau, locomotives. Paris.
Aubry-Delaborde, agriculteur. I.-et-L.
Aubry-Dauphin (Mme), bonnetier. Tours.
Audebert, glaces, cristaux, verres. Paris.
Audry, stores. Paris.
Ayné frères, soies ouvrées. Lyon.
Babon, brosserie. Paris.
Bahier (Jean-Louis), régisseur de la colonie agricole de St-Ilhan. C.-du-N.
Baranowski, mesures diverses. Paris.
Barbary, bonneterie. Limoges.
Barbeau, cheminées. Paris.
Barbizet, faïence brune et blanche. Dijon. Côte-d'Or.
Barillet (Veuve), agriculteur. I.-et-L.
Barne-Gervais, tapisseries à la main. Paris.
Barrelle-Martigny, orthopédiste. Paris.
Bastié, orfévrerie. Paris.
Battemberg, gravure. Paris.
Baudon et Devallois, mach. à ouvrir les huîtres. La Chapelle. Seine.
Baudouin, bougies. Graville-l'Heure. Seine Inférieure.
Baulcret, fécules, amidon, etc. Cambrai.
Bavozet et fils, fontes brutes et moulées. Paris.
Beau (Mme), prompt copiste. Paris.
Béleurgey, billards. Paris.
Bellavoine, couleurs. Paris.
Bénier, crin de feuille de palmier nain. Alger.
Bergue, manches de fouet. Sorède. Pyrénées-Orient.
Bernard (François), passement. Ambert.
Berteau, terres cuites non vernissées. Paris.
Berthiot (François-Vallier), cuirs et peaux. Paris.
Bessaignet, cachets gravés. Paris.
Billecoq, dentelles à la mécaniq. Paris.
Binger, appar. à peser. Paris.
Bizet, locomotives. Paris.
Blanchard, filets, articles de pêche, etc. Paris.
Blanchin, mécanique à lacets. Paris.
Blaquière, cartes à jouer. Paris.
Blaudenaut, agriculteur. Creuse.
Bleuze, savons. Paris.
Blottière, marqueterie. Paris.
Bohorel, médecin agriculteur. Campeaux. Oise.
Boilleau, ébénisterie d'art. Paris.
Boisson, encadrements en carte repoussée. Paris.
Boizard, passementier. Paris.
Boizard, appar. à peser. Moncontour. Côtes-du-Nord.
Bona, dentelles, etc. Paris.
Bonny, sabots. Clermont-Ferrand.
Bordeaux fils, filières. Beaulieu. Orne.
Borel, calorifères à air chaud. Paris.
Borie frères et Patinot, fabrique de briques. Paris.
Bory (Mathieu), coutelier. St-Étienne. Loire.
Borsary-Girard, bandagiste. Dijon.
Bouché, élaboration des fers. Paris.
Bouché, registres. Paris.
Bournisien (Michel), instr. arat. Escorpain. Eure et-Loir.
Bourriot, appar. culin. Paris.
Bourru et Martineau, cartes à jouer. Paris.
Boursier, dorure sur bois. Caen. Calvados.
Bouteille frères, châles. Paris.
Bouxviller (Le comice agricole de). Bas-Rhin.
Braem, agriculteur. Grenay. Pas-de-Cal.
Braquehays, chaussures en cuir. Bolbec. Seine-Infér.
Bray, meubles en métaux. Paris.
Breteau, fleurs artificielles. Paris.
Briand, arquebusier. Les Herbiers. Vendée.
Briard, fleurs artificielles. Paris.
Bricard, systèmes de couchage. Paris.
Briès-Brulé, cordier. Arras.
Brisse, instrum. divers. Paris.
Brocard, bougies. Paris.
Bru (Joseph), laines en suint et lavées. Vauvillé. Seine-et-Marne.
Brunette, moulins. Paris.
Brunier, dessins de fabrique. Paris.
Bruyère aîné, fleurs artificielles. Paris.
Buchon (L'abbé), agriculteur. Gironde.
Buissard et Bouzoud, soies grèges. Le Touvet. Isère.
Bullier (Mme), brosses. Paris.
Bult, mach. à fabriquer les clous d'épingle. Paris.
Buttingaire (Jean), cuirs et peaux. Metz.
Cailly, essieux. La Chapelle. Seine.
Camus (Pierre-Nicolas-Eusèbe), instrum. arat. Wambez. Oise.
Camus, ouvr. en cheveux. Paris.
Canneaux père et fils, mach. à doser. Reims.
Cantier (Veuve) et Naves, tissus imperméables. Paris.
Caradeuc de la Chalotais, agriculteur. Côtes-du-Nord.
Carjat, dessins de fabriq. Paris.
Carré (Alfred), tapisseries à la main, etc. Paris.

Carrier-Rouge, bronzes d'art et d'ameublement. Lyon.
Carton, coutelier. Paris.
Catillon (Aug.-Philibert), passementier. Paris.
Cazanave, instr. arat. Pieusse. Aude.
Chaignès, agricult. Tarn.
Chalopin, mach. à boucher les bouteilles. Paris.
Chamouillet, miroiterie. Paris.
Champeaux, ouvr. en cheveux. Paris.
Chanal, ganterie de tissu. Paris.
Chantrai-Remy, appar. de gymnastique. La Chapelle-St-Denis.
Charbonné (Justin), coutelier. Nogent. Haute-Marne.
Charbonnier, fermetures domiciliaires. Craon. Mayenne.
Chatenay, agriculteur. Indre-et-Loire.
Chauchefoin, orfèvrerie. Paris.
Chaudron-Berland, lanières de fouet. Orléans.
Chavenois, glaces, cristaux, verres. Paris.
Chemin, appar. à peser. Paris.
Chéradame (Mlle), éventails et écrans à main. Paris.
Chevalier, contre-maître, produits chimiques. Le Mans.
Chevalier et fils, instr. d'optique. Paris.
Chevillot, ressorts de voitures. Paris.
Chrétien, marbres. Batignolles. Seine.
Cleff, orfévrerie. Paris.
Cohue fils, quincaillerie. La Guéroulde. Eure.
Colleau, laines en suint et lavées. Maurevert. Seine-et-Marne.
Collot frères, appar. à peser. Paris.
Colombi, instrum. d'astronomie. Brest. Finistère.
Combes, coutelier. Nogent. Haute-M.
Constantin (Michel), agriculteur. Montsecret. Orne.
Coquelin, bougies. Paris.
Coquet (François-Alfred), cuirs et peaux. Paris.
Cordebart, appar. culinair. Angoulême.
Cordier et Kaindler, impress. sur étoffes diverses. Paris.
Coupelon, fermetures domiciliaires. Clermont-Ferrand.
Court (Jean-Jacques), cuirs et peaux. Paris.
Courtillet (Martial Hippolyte), instrum. arat. Cellettes. Loir-et-Cher.
Coutant, systèmes de couchages, etc. Paris.
Crépatte, marbres. Paris.
Croissant (F.), instrum. d'optiq. Laval.
Croquart, ouvr. en cheveux. Paris.
Croville, orfévrerie. Paris.
Crucifix (Eugène-Nicolas), chaussures en cuir. Crèvecœur. Oise.
Cuaz, instrum. arat. Montferrat. Isère.
Cuillier, locomotives. Paris.
Dalifol et Barré, fonte malléable. Paris.
D'Allonville, soies grèges. Moulins-lès-Metz. Moselle.
Damainville, ruches, miel, etc. Poudron. Oise.
Dameme, cirage et encre. Paris.
Darx (Georges), quincaillerie. Paris.
Daurier, agricult. Varincourt. Meurthe.
Dausse, cafetières. Paris.
Dauteuille, formes. Paris.
Davenne, instrum. arat. Montazeau. Dordogne.
De Bémy (Mlle), éventails et écrans à main. Paris.
Debrinay, outil pour couper les bottines. Romorantin. Loir-et-Cher.
Dechany, fermetures domiciliair. Paris.
De Courthille, agricult. Vareilles. Creuse.
Degarne, serrurier. Paris.
Deguzon, mach. à tisser les chaussons. Paris.
Dejean, châssis à tabatières. Paris.
Delabarre, emploi du bois appliqué au bâtiment. Rouen.
Delabrosse (Veuve) porte-plumes. Paris.
Delage père et fils, draps moyens. Limog.
Delahaye, agriculteur. Indre-et-Loire.
Delavigne-Duroisel, laines en suint et lavées. Aisne.
Delaville-Larmois, agriculteur. Montgager. Indre-et-Loire.
Delpy, plantes agricoles. Grand séminaire de Sarlat.
Delcros, coutelier. Clermont-Ferrand.
De Marcieux, fer. Nieuil. Charente.
De Mérédieu-Eymery, soies grèges. Notre-Dame-de-Sanilhac. Dordogne.
Denosse-Brunet, couvertures de laine. Mouy. Oise.
Derussy, heliographie sur plaques de métal. Paris.
Desbaillet, sculptures en carton-pierre. Paris.
Desmaziers, brosserie. Paris.
Desrues, bronzes d'art et d'ameublement. Paris.
De Vigneral, agriculteur. Ry. Orne.
De Vanssay Delaforgeterie, agriculteur. Loisais. Orne.
Devrange, papiers de fantaisie. Paris.
D'Hérissard, carrossier. Paris.
Didier, bougies. Paris.
Dogarne, serrurier. Paris.
Dorso, passementier. Paris.
Dorville, registres. Paris.
Doublet et Huchet, gravure et fonte de caractères. Paris.
Douy, orfévrerie. Paris.
Dreyfus et C., registres. Paris.
Drooghiys, ouvrages en ivoire. Paris.
Dubut, grosse quincaillerie. Cognac. Charente.
Duclos, assoc. d'ouvriers chapeliers. Paris.
Ducourtioux, tissus imperméab. Paris.
Dufau, systèmes de couchage. Paris.

Duforest-Watrelot, tissus de Roubaix. Roubaix.
Duhet, toiles de lin et de chanvre. Alençon.
Dumas, ouvr. en cheveux. Paris.
Dunet, layeterie, emballage. Paris.
Duperier, orfèvre. Paris.
Dupont, glaces, cristaux, verres. Paris.
Dupont, meubles de fantaisie. Autun. Saône-et-Loire.
Dupont, poil de lapin filé. St-Brice. Marne.
Dupuis, marbres. Paris.
Dupuis-Petit, cordier. Beauvais.
Dupuy, couvertures de coton. Châteauroux.
Durand, chanvre et lin. Yvias. C.-du-N.
Durand, vernis. Passy.
Durand-Bongard, faïence brune et blanche. Tours. Indre-et-Loire.
Dutel, mesures diverses. Paris.
Duval (François), agriculteur. Lalande-Patry. Orne.
Duval, quincaillerie. St-Laurent-en-Royans. Drôme.
Duvechel, porte plumes. Paris.
Esprit et Noye, bonnetier. Lyon.
Estrigue (Jean), instruments aratoires. Montferrand. Puy-de-Dôme.
Estublié et Cattau, filets, articles de pêche, etc. Marseille.
Fabre (Paul), châles. Nîmes.
Fauchery-Benoît, turbine. Clermont-Ferrand. Puy-de-Dôme.
Faussabry (Michel), serrurier et maréchal. Lazarne. Charente-Inférieure.
Faussemagne, colle de poisson. Lyon.
Fay, dessins de fabrique. Paris.
Fayolle, orfèvre. Paris.
Fazon, dess. et métiers à tapisser. Paris.
Ferry, machine à rogner le papier. Paris.
Feuillet, chapellerie. Nîmes. Gard.
Fichet, globes célestes et terrestres. Ménars. Loir-et-Cher.
Fichot, ouvrages en cheveux. Paris.
Fissot, cheminées. Paris.
Fleury, porcelaines. Paris.
Follet (J.-B.) sellerie et bourrelier. Paris.
Foullenay, agriculteur. Bannegon. Ch.
Fouque aîné et Puente, chocolats. Gelos. Basses-Pyrénées.
Fouquet, non exposant. Lamorlaye, près Chantilly. Seine-et-Oise.
Foye-Davennes, syst. de couchage. Paris.
Frécot, instruments d'optique. Paris.
Frémonteil, orfèvrerie. Paris.
Franchot, moulins. Paris.
Frély, gravure et fonte de caract. Paris.
Frère Félix, agriculteur. Gironde.
Gagnant, sabots. Batignolles. Seine.
Gagné, horticult. Port Marly. S.-et O.
Gagnet, chaussures en cuir. Les Ternes. Seine.
Gaillard fils (Charles-Camille), instruments aratoires. Paris.
Galais, fécules, amidon, etc. Champigny-sur-Vende. Indre-et-Loire.
Gaudin, billards. Rouen.
Gault, mosaïq. en bois, agate, etc. Paris.
Gauthier (Casimir), chaussures en cuir. Villeneuve-de-Berg. Ardèche.
Geoffroy et Chanel, châles. Paris.
Gilbert (Mme), corsets. Paris.
Gillon (Mme), non exposant. Reims.
Ginot, ustensiles de ménage. Paris.
Girard, registres. Paris.
Giraud, appareils à peser. Bourg.
Godefroy, chaussures en cuir. Paris.
Godin, appareils culinaires. Guise. Aisn.
Goetzmann, agricul. Champlebœuf. M.
Gondezenne, élargissoir pour la toile. Armentières. Nord.
Gosselin, fleurs artificielles. Paris.
Goubaud, appareils à faire la glace. Paris.
Gouffé, fab. de clous. Paris.
Goupil et Guillain, fer. Dampierre. Eure-et-Loir.
Grancher, art. de fantaisie en carton. Paris.
Gredard (François), cultivateur. Valmy. Province d'Oran.
Grenier, calorif. à eau et à vapeur. Paris.
Griffon, frère et sœur, teinture. Paris.
Grison (Jean-Pierre), maroquins. Paris.
Grison, serrurier. Orbec. Calvados.
Guantiliat, fab. de brosserie. Batignolles. Seine.
Guchon, éleveur. Seine.
Guénot, horticulteur. Paris.
Guerber, pianos. Paris.
Guérin, appareils à peser. Paris.
Guibert, instruments aratoires. Saint-Jean et Saint-Paul. Aveyron.
Guichard (Jean) ancien contre-maître à la colonie de Mettray. Extra Saint-Symphorien. Indre-et-Loire.
Guilbault, elysoirs. Paris.
Guilclouvette (J.), billards. Paris.
Guillard, serrurier. Versailles.
Guilmard, dessins de fabrique. Paris.
Guillemont, instrum. arat. Etcinheim. S.
Guillemot, instruments d'astronomie, etc. Paris.
Guriec, cuirs et peaux. La Roche-Bernard. Morbihan.
Halfter-Meyer (Georges), grosse quincaillerie. Paris.
Halley, porte-plumes. Paris.
Harand, fleurs artificielles. Paris.
Hardmuth et C., crayons. Paris.
Hatton-la Gainière, toiles de lin et de chanvre. Fresnay. Sarthe.
Havard, garde-robes. Paris.
Heer, ganterie de peaux. Paris.
Henry, instruments d'optique. Paris.
Hermitte (A.-F.-M), instruments aratoires. St Martin-les-Seyne. Bas.-Alp.
Hertenstein, ébénisterie d'art. Paris.
Hess (Gustave), étoffes pour gilets. Paris.
Hesse, soies grèges. Le Sauvage. Mosel.

Hoffman, horloger. Paris.
Hosch, presses et crics. Paris.
Houyet aîné et C, orges perlés et semoules. Marcq-en-Barœuil. Nord.
Hubaine, fab. de briques. Beauvais. Oise.
Hubert, bronze pour l'éclairage. Paris.
Hubert, taquets et navettes. Rouen.
Hugo et C., cuirs vernis. La Chapelle-Saint-Denis. Seine.
Hugueny, calor. a air chaud. Strasbourg.
Humbert et C., gélatine. Dieuze. Meurt.
Hurel, passementier. Paris.
Jabert (Antoine), imitation de marbre. Clermont-Ferrand.
Jacob, appareils culinaires. Paris.
Jacquet, robinets. Paris.
Jan (Julien), jouets d'enfant. Paris.
Jeanjean aîné et Mazauyer, empl. du bois appliqué au bâtiment. Montpellier.
Jeannin, meubles de fantaisie. Paris.
Johnson, culture maraîchère. Paris.
Joly, prompts-buvards. Paris.
Jourdain et Naudin, passement. Paris.
Julien frères, ganterie de peau. Paris.
Juliot, orfèvrerie. Paris.
Jurisch, chaussures en cuir. Paris.
Kropff, fourreur. Paris.
Labat, boutonnerie. Paris.
Labbé, appareils à peser. Paris.
Labouisse, essieux. Toulouse.
Labrnguière, ouvrag. en cheveux. Paris.
La Caille-Trincard, mosaïques en bois, agate, etc. Blois.
Lacombe, savons. Gaillac. Tarn.
Lacour (Nicolas-Alexandre-Laurent), instruments aratoires. St-Fargeau. Y.
L'Administration des forêts, échantillon de bois. Alger.
Ladrey, laines en suint et lavées. Nièv.
Lafforest, soies grèges. Brantôme. Dord.
Laignier, grosse quincail. Rethel. A.
Laisné, étrilles en fer. Paris.
Lambert, Burel et C. (association d'ouvriers), fouets et cravaches. Paris.
Lamouroux (André), calorifères à air chaud. Chaumont. Haute-Marne.
Lannay, c dres, bordures et moulures en bois. Paris.
Larivière-Legris (ve), ét. f. de crin. Paris.
Laroudie (Jean), instrum. arat. Limoges.
Larret, horloger. Paris.
Laurent (Florentin), instruments aratoires. Lanneville-sous-Corbie. Somme.
Laurent (Léonard), bougies. Paris.
Lausser jeune, sabots. Aurillac.
Lauthier, agricult. Barolles. Pas-de-Cal.
Lavigne, habillements d'homme. Paris.
Lavoisy (Aurélie-Joseph), instruments aratoires. Paris.
Léauté, châssis à tabatières. Paris.
Lebas (L.-E.), instruments aratoires. Montivilliers. Seine-Inférieure.
Lebire, instruments divers Paris.
Leblanc, fermetures domiciliaires. Paris.
Lebleis fils, fécules. amidon, etc. Pont-l'Abbé. Finistère.
Le Bonniec, chanvre et lin. Lannion. Côtes-du-Nord.
Lebreton (René Christophe), chaussures en cuirs. Meaux. Seine-et-Marne.
Lecrosnier (Mlle), tapisseries à la main. Paris.
Ledée, billards. Paris.
Lefebvre et C., plomb de chasse. Alger.
Lefèvre, horloger. Paris.
Lefèvre, horloger. Paris.
Lefèvre, relieur. Paris.
Lefèvre, papeterie de luxe. Paris.
Legavre (Hugues), passementier. Paris.
L guay, boutonnerie. Paris.
Lehuby et C., produits chim. Paris.
Lemaire, instruments d'optique. Paris.
Lemasson, corsets. Paris.
Lemaître horloger. Paris.
Le Motheux, agriculteur. Essuyes. Gir.
Leneuville, mécanique à cordon. Paris.
Léonard, dessins de fabrique. Paris.
Lepan plomb. Lille.
Lequien (A.-S.), instruments aratoires. Lorgies. Pas-de-Calais.
Leriche, soufflets de forg. Charleville. A.
Leroux, horloger. Cancale. Ille-et-Vil.
Leroux, navettes pour couvert. Orléans.
Leroux, fleurs artificielles. Paris.
Lesieur, imit. de bois et de marb. Paris.
Les Orphelines d'Arras, articles de St-Quentin et broderies de Tarare.
Letort, bustes et têtes pour coiff. Paris.
Leune, instruments divers. Paris.
Levaché d'Urclé, pianos. Paris.
Liermann, porcelaines. Paris.
Lierval. horticulteur. Champerry. Seine.
Loire, tabletterie. Paris.
Louguet, registres. Paris.
Loret, fermetures domiciliaires. Saint-André-d'Echauffour. Orne.
Lorrain, Brigot et C., passementier. Paris.
Loth, ébénisterie d'art. Paris.
Lottin (René), hort. Port Marly. S.-et O.
Loubon (Mme). fleurs artificielles. Paris.
Louvel, céréales Montbéliard. Doubs.
Lucas, agriculteur. Filescamps. P.-de-C.
Lucas, plantes agricoles. Cambon. Eure.
Lugol, dess. et métiers à tapisser. Paris.
Lupin, agriculteur. Meyresbois. Cher.
Lutzow, salrau. Bone. Dép. de Constant.
Mabire, plomb. Le Hâvre.
Mabire, horloger. Cherbourg. Manche.
Macé (Mme), corsets. Paris.
Magnus, orfèvrerie. Paris.
Magne, meubles en métaux. Paris.
Maillier, habillements d'homme. Paris.
Mainet, éleveur. Beauvoir.
Malherbe, plomb. Paris.
Malsan, cirage et encre. Paris.
Mansonnier, presse à boucher les bouteilles de conserve. Paris.
Marcan, fleurs artificielles. Paris.
Marcel jeune, chocolats. Toulouse.

Marceron, cirage et encre. Paris.
Marius-Vidal. dentelles, etc. Paris.
Marlin (Louis-François), instruments aratoires. Chelles. Seine-et-Marne.
Massouille (Eugène). coutelier. Paris.
Maupérin, cirage et encre. Paris.
Max (Mme) et Fouquet, fleurs artificielles. Paris.
Mayer, décoration de porcelain. Paris.
Mayer aîné, tapisseries à la main. Paris.
Mayer (Nathan), imitation de bois et marbre. Lyon.
Mazin, coutelier. Paris.
Mejat, mosaïq en bois, agate, etc. Paris.
Mercier, sculpture en carton-pierre. La Chapelle-Saint-Denis. Seine.
Mercier (Mme), tapisseries à la main, etc. Paris.
Mercier (Mme), passementier. Paris.
Merel, parapluies. Paris.
Mériel, agriculteur. St-Front. Orne.
Meslier fr., cuirs et peaux. Angoulême.
Messin, agriculteur. Indre-et-Loire.
Mézard, horticulteur. Puteaux. Seine.
Michaux-Duranton, pompes. Troyes.
Micheau, gélatine. Rancennes. Arden.
Michel, savons. Paris.
Miergues, appareils chirurg. Anduze. G.
Mignan. instruments aratoires. Le Petit-Moutet. Cher.
Mignan (Charles et Adolphe), agriculteurs. Bourges. Cher.
Millochau, savons. Paris.
Millot et fils étoffes pour ameubl. Paris.
Mittraud, soies grèg. Magnac-Laval. H.-V.
Mohamed-Guecht, poterie arabe. Bône. Département de Constantine.
Moncourt, appareils orthopédiq. Paris.
Monod, peignes. Arbent. Ain.
Montagnac, toiles métalliques. Paris.
Montagu, agriculteur. Colombiers. Cher.
Moquet, bijouterie dorée. Paris.
Morand, layeterie, emballage. Paris.
Mosson, presses lithographiques. Paris.
Mottet, non exposant Bayeux. Calvad.
Muller, soufflets de forge. Paris.
Muzard, sabots. Paris.
Navarron-Dumas (Etienne), coutelier. Le Bessay. Puy-de-Dôme.
Nicolas, quincaillerie. Molsheim. B.-R.
Niel (Marie), soies grèges. Notre-Dame-de-Sanilhac. Dordogne.
Niqueux, agriculteur. Tours. Ind.-et-L.
Olry, arquebusier. Nancy.
Onfray, clysoirs. Paris.
Osborn, beurre d'anchois. Paris.
Pailler, conducteur des ponts-et chaussées. Valence. Drôme.
Pannier, passementier. Paris.
Panseron, orfèvrerie. Paris.
Paris, ouvrages en cheveux. Paris.
Pascal. parquets. Bordeaux.
Pasquier, instruments de géodésie. Paris.
Pasquier (Mme), encadrements en carte repoussée. Paris.
Pasteur (Flavien - Melchior), ruches, miel, etc. Censeau. Jura.
Paulus, fils de lin et de chanvre. Paris.
Peckels, meub. de fantaisie. Charleville.
Pelet, corsets. Paris.
Peltier, porcelaines. St-Yrieix. H.-Vien.
Penant, cafetières. Paris.
Pennequin, agricult. St-Martin. P.-de-C.
Pepinière centrale, soies grèges. Missergihn. Dép. d'Oran.
Perney, fab. de faux. Luxeuil. H.-Saôn.
Pernollet (Joseph), instruments aratoires. Ferney. Ain.
Perrier (Mme), passementier. Paris.
Pesquet, clysoirs. Paris.
Petiniaud-Dubos, draps moy. Limoges.
Petit (Al.). glaces, cristaux, verres. Paris.
Petit frères, couteliers. Nontron. Dord.
Petitpas-Bordet, coutelier. Breuvannes. Haute-Marne.
Peynot, marbres. Paris.
Peyret-Lacombe. rub. de soie. St-Etienne
Picot, modèle de machine. Châlons-s-M.
Pierson, vannerie. Paris.
Pigeault, cirage et encre. Paris.
Pillier (Jean-Eugène), instruments aratoires. Lieusaint. Seine-et-Marne.
Plasse, articles en cuivre. Paris.
Plouin (A.-L.), orfèvrerie. Paris.
Plumier, héliographie sur plaques de métal. Paris.
Polge-Montalberg, appareil à eaux gazeuses. Paris.
Pouard, chaussures en cuir. Paris.
Poullot, instruments d'optique. Paris.
Poncini, cheminées. Paris.
Pontrevé, courroies. Batignolles. Seine.
Portanier (François), cultivateur. Chéragas. Dep. d'Alger.
Pousse, corsets. Paris.
Presbourg, brosses. Paris.
Proust-Brulon, agriculteur. Indre-et-L.
Provost, instruments divers. Paris.
Rambaud et C., cuivre brut. Marseille.
Raoult, serrurier. Batignolles. Seine.
Ravetier, quincaillerie. Paris.
Rebour, enrayage de voitures. Batignolles. Seine.
Reclus aîné, quincaillerie. Bergerac. D.
Régnier, bougies. La Villette. Seine.
Renard fils, papeterie. Nonancourt. E.
Renaudin, vannerie. Paris.
Renou (L.-E.-A.), instruments aratoires. Gallardon. Eure-et-Loir.
Reynaud-Chapelain (Mme), bijouterie dorée. Paris.
Ribert, agriculteur. Parre. Cher.
Richard, couleurs. Paris.
Riche et C., appar. à eaux gazeuses. Paris.
Rimbault, serrurier. Vismes. Somme.
Rivain, objets en cuivre pour bâtiment. Paris.
Rivier, brosserie. Paris.
Rivière, éleveur. Paris.
Robiquet, trains de voitures. Paris.

Roehn et C., instruments à vent en cuivre. Paris.
Rohart, agricult. Avion. Pas de-Calais.
Rollin, bronzes d'art et d'ameub. Paris.
Ronnet, spouloir. Trelonne. Ardennes.
Rousen, dorure sur bois. Paris.
Roper, cuirs à rasoirs. Paris.
Rosey et Coppin, coton et laine. Ouled-Tayet. Dép. d'Alger.
Rosselin (Alfred), dessin de fab. Paris.
Roubaud et C., moulins. Marseille.
Rousseau, conserves de fruits. Paris.
Roussel, gravure et fonte de caractères. Besançon.
Roussel, moulins. Versailles.
Ruban, tourneurière pour chap. Paris.
Rudet, horloger. Nanteuil-le-Haud.Oise.
Rudove (Dominique), cultivateur. Saoula. Dép. d'Alger.
Sabathier, agriculteur. Bourges. Cher.
Sablon, chapellerie. Paris.
Saint-Joannis, instruments aratoires. Marseille.
Sainton, oncle et neveu, et Léonard et Cambon jeune, ganterie de tissu. Paris.
Saive, dessins de fabrique. Paris.
Santonax et Jourdy, bougies. Dôle. J.
Sauron, serrurier. Châtel-Censoir. Y.
Sauraux, billards. Paris.
Schmoll, bijouterie dorée. Paris.
Séguin (Mme), chapeaux de fem. Paris.
Séguy (Joseph), maréchal ferrant. Thézan (Hérault).
Sennellier (Fr.-A.), instituteur communal. Laronde. Charente-Inférieure.
Serre, registres. Paris.
Silacée, appareils culinaires. Paris.
Simon, pierres lithograph. Strasbourg.
Siney père et fils, linge de table. St-Lô.
Sollet (Eugène), éleveur. Seine-et-Marn.
Sollier, mosaïques en bois, agathe, etc. Paris.
Sommellier, cult. maraîch. Dugny. Sein.
Souchet, toiles de lin et de chanvre. Saint-Calais. Sarthe.
Soudan (Mme), casquettes. Paris.
Soyer, cheminées. St-Quentin. Aisne.
Suby, soies grèges. Joux. Moselle.
Supot, registres. Paris.
Sutivaux de Greische, agricult. Meurth.
Tallavignes, produits chim. Sigean. Aud.
Tarin (A.), instrum. arat. Coclois. Aub.
Terrien, horloger. Belleville. Seine.
Thibout et C., pianos. Paris.
Thierry, coutelier. Paris.
Thuillier, coutelier. Nogent. H.-Marne.
Thuillier, agriculteur. Orléans. Loiret.
Tiefenbruner, tabletterie. Paris.
Tintillier, tissus imperméables. Paris.
Tiremarche, garde-robes. Paris.
Tixier-Chabrier, papet. Ambert. P.-de-D.
Toulza, serrurier. St-Etienne.
Tourret, éleveur. Seine.
Toussaint, horticulteur. Montrouge. S.
Trannin. agriculteur. Ville-lès-Coquicourt. Pas-de-Calais.
Transson-Forteau, agricult. Orléans. L.
Turck, agriculteur. Dommartemont. Meuse.
Turquet, chanvre et lin. Senlis. Oise.
Vacher, agriculteur. Tours. Indre-et-L.
Varin (Amand-Ad.), cuirs et peaux. Paris.
Varin (François), cuirs et peaux. Paris.
Vausseur, agriculteur. Tours. Ind.-et-L.
Vérany. pianos. Clermont-Ferrand.
Verdier-Chavaroche, coutelier. Thiers.
Verdun. fab. d'outils. Angers.
Vergès, systèmes de couchages. Paris.
Vergniaud, chaussures en cuir. Bordeaux.
Vernaut, orfèvre. Paris.
Vernier, prompts-régloirs. Paris.
Vieillard fr., fruits confits. Clermont-F.
Vienney, emploi de bois appliqué au bâtiment. Paris.
Villeneuve, appar. à faire la glace. Paris.
Villeneuve, cuirs et peaux. Paris.
Villerey, grav. et fonte de caract. Paris.
Vimal-Madur, tissus de laine legers. Ambert. Puy-de-Dôme.
Vimal-Vialès, tissus de laine légers. Ambert. Puy-de-Dôme.
Vincent, filets, art. de pêche, etc. Lyon.
Vincourt, ouates, mèches de coton. Paris.
Voisin frères, papeterie. Lyon.
Voltz, ébénisterie d'art. Paris.
Vuacheux, système de couchage. Paris.
Walker, mosaïques, etc. Paris.
Wallig, faïence brune et blanche. Vandeuvre. Aube.
Weil, schals. Paris.

ÉTAT NUMÉRIQUE

PRÉSENTANT LE RAPPORT ENTRE LA POPULATION ET LES EXPOSANTS POUR CHAQUE DÉPARTEMENT; L'INDUSTRIE PRINCIPALE, ET LES DIVERS DEGRÉS DE RÉCOMPENSES ACCORDÉES.

N. B. Le Catalogue officiel présente un total de 4,332 Exposants, et fait observer que les 4 départements (*) n'ont point envoyé de produits à l'Exposition. La population a été établie par le nombre des représentants correspondant chacun à 50,000 âmes.

NOMS des DÉPARTEMENTS.	INDUSTRIE PRINCIPALE [1].	MOYENNE de la population.	NOMBRE d'Exposants.	Croix d'Honneur.	MÉDAILLES D'OR.			MÉDAILLES D'ARGENT.			MÉDAILLES DE BRONZE.			MENTIONS HONORABLES.			CITATIONS FAVORABLES.		
					Nouvelles	Rappels.	Médailles.	Nouvelles	Rappels.	Médailles.	Nouvelles	Rappels.	Médailles.	Nouvelles	Rappels.	Mentions.	Nouvelles	Rappels.	Citations.
1. Ain.	1, 4, 5, 9.	8	9	»	»	»	1	»	»	3	»	»	»	»	»	2	»	»	3
2. Aisne.	1, 2, 3, 5, 6, 9.	12	25	3	»	1	2	1	2	4	»	1	5	»	»	5	»	»	3
3. Allier.	2, 3, 7, 9.	7	7	1	»	»	»	1	»	4	»	»	2	»	»	1	»	»	»
4. Alpes (Basses-).	1, 6.	3	3	»	»	»	1	»	»	1	»	»	»	»	»	1	»	»	1
5. Alpes (Hautes-).	1.	3	1	»	»	»	»	»	»	»	»	»	1	»	»	2	»	»	»
6. Ardèche	1, 2, 5, 6, 9.	8	13	2	»	2	1	»	»	3	»	1	3	»	»	2	»	»	1
7. Ardennes.	2, 3, 5, 6. 7, 8, 9.	7	39	2	»	7	3	2	1	5	»	1	7	»	»	3	»	»	5
8. Ariége (*).	1, 6.	6	»	»	»	»	»	»	»	»	»	»	»	»	»	5	»	»	»
9. Aube.	1, 3, 5, 6, 7, 8, 9.	5	13	»	»	»	»	»	»	»	»	1	4	»	»	5	»	»	3
10. Aude.	1, 5, 6, 9.	6	40	»	»	»	»	1	2	2	»	»	2	»	»	1	»	»	2
11. Aveyron.	1, 2, 6.	8	4	»	»	1	»	»	»	»	1	»	1	»	»	»	»	»	1
12. Bouches-du-Rhône.	1, 2. 3, 4, 5, 8, 9.	9	21	»	»	1	»	»	2	2	»	»	6	»	»	3	»	»	4

13. Calvados.	1, 2, 3, 5, 6, 7, 8, 9.	10	28	1	»	»	2	»	1	4	»	3	8	»	»	10	»	»	3
14. Cantal.	9.	5	3	»	»	»	»	»	»	»	»	»	»	»	»	»	»	»	1
15. Charente.	1, 2, 5, 9.	8	17	»	»	2	1	1	1	1	»	»	3	»	»	1	»	»	4
16. Charente-Inférieure.	1, 3, 6.	10	7	»	»	»	»	»	»	»	»	»	1	»	»	2	»	»	2
17. Cher.	1, 2, 3.	6	7	1	»	»	2	»	1	4	»	»	3	»	»	1	»	»	7
18. Corrèze.	2.	7	4	»	»	»	»	»	»	»	»	1	»	»	»	3	»	»	»
19. Corse (*).		5	»	»	»	»	»	»	»	»	»	»	»	»	»	»	»	»	»
20. Côte-d'Or.	1, 2, 5, 6, 7, 9.	8	10	»	»	1	»	»	1	»	»	»	3	»	»	4	»	»	2
21. Côtes-du-Nord.	1, 3, 6.	13	6	»	»	»	»	»	»	2	»	»	3	»	»	»	»	»	5
22. Creuse.	1, 5, 6, 9.	6	7	»	»	»	»	»	1	3	1	»	1	»	»	2	»	»	2
23. Dordogne.	1, 2, 3, 6.	10	11	»	»	1	»	»	1	»	»	1	1	»	»	1	»	»	7
24. Doubs.	1, 2, 3, 4, 5, 7, 8.	6	18	»	»	»	1	2	2	»	»	1	1	»	»	14	»	»	2
25. Drôme.	1, 2, 3, 6, 9.	7	12	»	»	2	1	1	»	1	»	»	2	»	»	1	»	»	2
26. Eure.	1, 2, 3, 6, 9.	9	29	1	»	7	3	»	3	1	»	»	3	»	»	»	»	»	3
27. Eure-et-Loire.	1, 2, 3.	6	9	»	»	»	3	»	»	3	»	»	1	»	»	4	»	»	3
28. Finistère.	1, 2, 3, 4, 5, 6, 7, 9.	13	23	»	»	»	3	»	»	5	»	2	4	»	»	10	»	»	2
29. Gard.	1, 2, 3, 6, 7, 9.	8	57	1	»	3	2	»	9	8	3	»	18	»	»	10	»	»	3
30. Garonne (Haute-).	1, 2, 3, 5, 9.	10	15	»	»	»	»	»	»	1	»	1	3	»	»	3	»	»	-
31. Gers.	2.	7	1	»	»	»	»	»	»	»	»	»	»	»	»	1	»	»	»
32. Gironde.	1, 2, 5, 6, 8, 9.	13	21	»	»	»	1	1	»	2	»	1	6	»	»	5	»	»	5
33. Hérault.	1, 3, 4, 6, 8, 9.	8	9	»	»	»	1	1	2	1	»	»	1	»	»	1	»	»	2
34. Ile-et-Vilaine.	1, 2, 3, 4, 5, 6, 9.	12	15	»	»	»	»	1	»	1	»	»	3	»	»	4	»	»	1
35. Indre.	1. 6, 9.	5	3	»	»	»	»	»	»	»	»	»	»	»	»	2	»	»	1
36. Indre-et-Loire.	1, 2, 3, 5, 6, 7, 9.	9	35	»	»	1	1	»	»	6	»	»	8	»	»	9	»	»	14
37. Isère.	1, 2, 3, 5, 6, 9.	12	26	»	»	2	»	1	1	3	1	»	4	1	1	5	»	»	3
38. Jura.	1, 4, 5, 7, 9.	7	16	»	»	»	»	»	1	2	»	1	2	»	»	1	»	»	2
39. Landes. (*).		6	»	»	»	»	»	»	»	»	»	»	»	»	»	»	»	«	»
40. Loir-et-Cher.	1, 3, 4, 8.	5	7	»	»	»	»	»	»	»	»	»	1	»	»	»	»	»	4
41. Loire.	1, 2, 3, 4, 6, 7.	9	38	»	1	4	1	1	3	6	»	»	9	»	»	2	»	»	3
42. Loire (Haute-).	6.	6	2	»	»	»	«	»	»	»	»	»	1	»	»	»	»	»	»

1 Les numéros de la colonne, *Industrie principale*, se rapportent aux dix divisions adoptées par le Jury des récompenses, qui sont : 1o Agriculture ; 2o Métaux ; 3o Machines ; 4o Instruments de précision ; 5o Arts chimiques ; 6o Tissus ; 7o Arts céramiques ; 8o Beaux-Arts ; 9o Arts divers ; 10o Algérie.

NOMS des DÉPARTEMENTS.	INDUSTRIE PRINCIPALE.	MOYENNE de la population.	NOMBRE d'Exposants.	Croix d'Honneur.	MÉDAILLES D'OR.			MÉDAILLES D'ARGENT.			MÉDAILLES DE BRONZE.			MENTIONS HONORABLES.			CITATIONS FAVORABLES,		
					Nouvelles	Rappels.	Médailles.	Nouvelles	Rappels.	Médailles.	Nouvelles	Rappels.	Médailles.	Nouvelles	Rappels.	Mentions.	Nouvelles	Rappels.	Citations.
43. Loire-Inférieure.	1, 2, 3, 4, 5, 6, 9.	11	27	»	»	»	1	»	5	4	»	1	6	»	3	5	»	»	»
44. Loiret.	1, 2, 3, 5, 6, 9.	7	27	»	»	»	1	1	1	3	1	1	10	»	»	9	»	»	4
45. Lot (*).		6	»	»	»	»	»	»	»	»	»	»	»	»	»	»	»	»	»
46. Lot-et-Garonne.	2.	7	2	»	»	»	»	»	»	»	»	»	»	»	»	1	»	»	»
47. Lozère.	6.	3	3	»	»	»	»	»	»	»	»	»	»	»	»	3	»	»	»
48. Maine-et-Loire.	1, 2, 3, 6.	11	47	»	»	2	2	1	1	1	2	»	3	»	»	3	»	»	1
49. Manche.	1, 2, 4, 5, 6.	13	8	»	»	»	1	»	»	»	»	2	1	»	»	2	»	»	2
50. Marne.	1, 2, 3, 5, 6, 8.	8	35	»	»	4	3	3	3	6	1	»	7	»	»	6	»	»	4
51. Marne (Haute-).	1, 2, 5, 7, 9.	5	47	»	»	1	»	»	»	1	»	»	2	»	»	4	»	»	5
52. Mayenne.	1, 2, 3, 4. 6, 7, 9.	9	49	»	»	»	»	»	»	2	1	1	5	»	»	11	»	»	2
53. Meurthe.	1, 3, 4, 5, 6, 7, 8, 9.	8	26	2	»	2	»	»	»	6	»	»	6	»	»	6	»	»	5
54. Meuse.	1, 2, 6.	7	5	»	»	»	1	1	1	»	»	»	2	»	»	»	»	»	1
55. Morbihan.	1, 2, 5, 6, 9.	10	9	»	»	»	»	»	»	3	»	1	»	»	1	1	»	»	1
56. Moselle.	1, 2, 3, 5, 6, 7, 9.	9	29	2	»	2	1	»	3	2	2	»	10	»	»	12	»	»	4
57. Nièvre.	1, 2, 7, 9.	7	11	»	»	»	»	»	»	»	»	2	»	»	»	4	»	»	1
58. Nord.	1, 2, 3, 5, 6, 7, 8, 9.	24	119	5	1	9	12	1	11	33	2	2	24	»	»	12	»	»	5
59. Oise.	1, 4, 6, 7, 9.	8	29	1	»	1	2	»	1	3	»	1	6	»	»	4	»	»	9
60. Orne.	1, 2, 3, 5, 6, 8, 9.	9	19	»	3	1	»	1	1	4	»	»	4	»	»	8	»	»	8
61. Pas-de-Calais.	1, 2, 5, 6, 7, 9.	15	24	2	»	»	3	»	2	5	»	1	5	»	»	4	»	»	9
62. Puy-de-Dôme.	1, 2, 3, 4, 5, 6. 7, 9.	13	53	1	»	1	»	»	1	1	»	2	2	»	»	7	»	»	15

63. Pyrénées (Basses-)	1, 2, 5, 6.	10	7	»	1	»	1	»	»	1	1	»	»	»	»	3	»	»	1
64. Pyrénées (Hautes-)	2, 8.	5	2	»	»	»	»	»	»	»	»	»	»	»	»	2	»	»	»
65. Pyrénées-Orientales	2, 5, 9.	4	4	»	»	»	»	»	»	»	»	1	1	»	»	»	»	»	1
66. Rhin (Bas-)	1, 2, 3, 4, 5, 6, 7, 8, 9.	12	45	1	»	2	5	2	»	5	2	»	12	»	»	14	»	»	5
67. Rhin (Haut-)	1, 2, 3, 4, 5, 6, 8, 9.	10	39	2	»	12	8	2	1	4	»	»	12	»	»	3	»	»	»
68. Rhône	1, 2, 3, 4, 5, 6, 8, 9.	11	100	2	3	7	7	3	4	13	1	1	48	»	1	11	»	»	7
69. Saône (Haute-)	1, 2, 3, 5, 6.	7	42	»	»	1	»	»	1	1	»	»	3	»	»	2	»	»	1
70. Saône-et-Loire	1, 2, 3, 5, 6, 7, 8.	12	11	»	1	»	1	»	2	1	»	»	2	»	»	»	»	»	1
71. Sarthe	1, 2, 3, 5, 6, 7, 9.	10	17	»	»	»	»	»	2	2	»	»	6	»	»	2	»	»	3
72. Seine. Arrondissements.	1, 2, 3, 4, 5, 6, 7, 8, 9.	28	2854	144	2	3	3	4	9	14	2	8	38	1	3	28	»	»	21
Seine. Paris.					8	51	63	41	76	186	55	128	443	8	27	525	2	1	343
73. Seine-Inférieure	1, 2, 3, 4, 5, 6, 7, 8, 9.	16	117	3	1	7	7	5	6	25	3	3	23	»	»	31	»	»	7
74. Seine-et-Marne	1, 2, 5, 7, 8, 9.	7	23	1	»	1	1	»	2	5	1	»	1	»	»	4	»	»	7
75. Seine-et-Oise	1, 2, 3, 4, 6, 7, 8, 9.	10	50	1	1	4	2	1	»	6	»	1	16	»	»	13	»	»	6
76. Sèvres (Deux-)	1, 8.	7	2	»	»	»	»	»	»	»	»	»	»	»	»	2	»	»	1
77. Somme	1, 3, 5, 6, 9.	12	27	»	»	1	»	»	»	3	»	1	3	»	»	6	»	»	3
78. Tarn	1, 2, 5, 6, 9.	8	9	»	»	2	»	»	»	1	1	»	1	»	»	3	»	»	2
79. Tarn-et-Garonne	1, 2, 3, 6.	5	8	»	»	»	1	»	1	2	»	»	1	»	»	1	»	»	»
80. Var	5.	7	2	»	»	»	»	1	»	»	»	»	»	»	»	»	»	»	»
81. Vaucluse	5.	5	4	»	»	»	»	»	»	»	»	»	»	»	»	1	»	»	»
82. Vendée	1, 4, 6.	8	4	»	»	»	»	»	1	»	»	1	1	»	»	»	»	»	1
83. Vienne	1, 2.	6	6	»	»	»	»	»	»	2	»	»	1	»	»	3	»	»	»
84. Vienne (Haute-)	1, 2, 3, 5, 6, 7, 9.	6	23	1	»	»	»	1	1	1	»	1	4	»	»	6	»	»	6
85. Vosges	1, 2, 3, 5, 6, 7, 9.	9	31	»	»	1	4	1	1	3	2	»	11	»	1	2	»	»	»
86. Yonne	1, 3, 7.	8	5	»	»	»	»	»	»	»	»	»	»	»	»	4	»	»	2
Algérie	10.	3	72	1	»	»	2	»	»	20	»	»	39	»	»	29	»	»	10
Guadeloupe		»	1	»	»	»	»	»	»	»	»	»	»	»	»	»	»	»	»

RÉCAPITULATION

DU NOMBRE DE DÉPARTEMENTS OU SONT EXERCÉES LES INDUSTRIES RÉCOMPENSÉES, ET DU NOMBRE DE NOMINATIONS POUR CHAQUE INDUSTRIE.

	Départements.	Nominations.
1. Agriculture.	72	480
2. Métaux.	59	865
3. Machines.	38	345
4. Instruments de précision. . . .	23	306
5. Arts chimiques.	38	381
6. Tissus.	60	658
7. Arts céramiques.	32	117
8. Beaux-Arts.	24	514
9. Arts divers.	52	542
10. Algérie.	3	100

Le Tableau ci-joint, avec la Récapitulation qui l'accompagne, donne lieu aux rapprochements les plus intéressants.

En le consultant, on peut assez bien juger qu'elle est la puissance industrielle de chaque département. Ainsi, après Paris et la Seine, viennent en première ligne le Nord, la Seine-Inférieure, le Rhône, le Gard, la Loire, les Haut et Bas-Rhin, le Calvados, etc.

La variété des industries brille dans trois départements ; car les neuf divisions adoptées par le Jury central s'y font remarquer. Huit départements comprennent chacun huit divisions; quinze ont été nommés pour sept industries.

Malheureusement, dans un sens contraire, quelques localités sont aussi à noter. Ainsi, la Corse, malgré ses huiles, ses bois, ses marbres et granits ; les Landes, malgré leurs résines, leurs goudrons, leurs laines; le Lot, malgré ses vins, n'ont ni exposants ni nominations; l'Ariége, sans exposant, a toutefois deux nominations accordées à des non exposants. Le Tarn fait peu d'honneur à sa vieille réputation industrielle ; l'Indre sommeille également.

Les tissus et les métaux sont les industries qui occupent le plus de départements. Les tissus occupent soixante départements; les métaux se travaillent dans cinquante-neuf.

FIN.

Imprimerie de Gustave Gratiot, 11, rue de la Monnaie.

www.ingramcontent.com/pod-product-compliance
Ingram Content Group UK Ltd.
Pitfield, Milton Keynes, MK11 3LW, UK
UKHW021135230726
13926UKWH00002B/809